AF389894

BACCALAURÉAT ÈS LETTRES

ÉLÉMENTS

D'ARITHMÉTIQUE, DE GÉOMÉTRIE

ET DE PHYSIQUE

RÉDIGÉS

conformément aux derniers programmes officiels

PARIS

LIBRAIRIE DE L. HACHETTE ET Cᵗᵉ

RUE PIERRE-SARRAZIN, Nᵒ 14

(Près de l'École de médecine)

NOUVEAU MANUEL

DU

NOUVEAU MANUEL

DU

BACCALAURÉAT ÈS LETTRES

ARITHMÉTIQUE, GÉOMÉTRIE

PHYSIQUE

ÉLÉMENTS

D'ARITHMÉTIQUE, DE GÉOMÉTRIE

ET DE PHYSIQUE

RÉDIGÉS

conformément aux derniers programmes officiels

PAR M. SAIGEY

PARIS

LIBRAIRIE DE L. HACHETTE ET Cie

RUE PIERRE-SARRAZIN, N° 14

(Près de l'École de médecine)

ÉLÉMENTS

D'ARITHMÉTIQUE, DE GÉOMÉTRIE

ET DE PHYSIQUE.

ÉLÉMENTS D'ARITHMÉTIQUE.

I.

1. SYSTÈME DE NUMÉRATION; — 2. SYSTÈME MÉTRIQUE.

1. Système de numération.

Un *nombre* est la réunion de plusieurs choses égales, ou de même espèce, ou de même dénomination. Chacune de ces choses est l'*unité* du nombre. Ainsi *dix hommes* forment un nombre, dont l'unité est *un homme.*

La *numération* est l'art d'énoncer et d'écrire les nombres.

Chaque langage a ses mots et ses caractères alphabétiques pour désigner les nombres. Mais on a imaginé, en outre, de représenter les nombres par des caractères spéciaux, que l'on nomme *chiffres*, et en suivant un certain principe de composition des nombres.

Les chiffres sont les suivants :

$$1 \quad 2 \quad 3 \quad 4 \quad 5 \quad 6 \quad 7 \quad 8 \quad 9,$$

et représentent les neuf premiers nombres, *un, deux, trois, quatre, cinq, six, sept, huit, neuf.* Il y a de plus un *zéro*, marqué 0, pour indiquer au besoin l'absence de certains chiffres.

Quant au principe fondamental de la numération, il consiste en ce que l'on prend dix *unités* pour former une *dizaine*; dix *dizaines*, pour former une *centaine*; dix *centaines*, pour former un *mille*; dix *mille*, pour former une *dizaine de mille*; et ainsi de suite, chaque groupe ou *ordre d'unités* étant décuple du précédent.

Cela posé, le même chiffre, tel que 3, sert à indiquer trois unités simples, s'il est placé le premier à la droite du nombre ; ou bien trois dizaines, s'il est au second rang ; trois centaines, s'il est au troisième rang, et ainsi de suite, ce même chiffre acquérant une valeur décuple, chaque fois qu'il avance d'un rang vers la gauche du nombre. Et, pour conserver à ce chiffre le rang qu'il doit avoir, on met un zéro à la place de chaque ordre d'unité qui vient à manquer. Ainsi le nombre 5307842 est formé de deux unités, quatre dizaines, huit centaines, sept mille, pas de dizaine de mille, trois centaines de mille, et cinq millions. L'usage veut qu'on le partage de droite à gauche par tranches de trois chiffres, la dernière tranche pouvant être incomplète, comme il suit :

$$5\ 307\ 842.$$

La première tranche à droite est dite celle des *unités* ; la seconde, celle des *mille* ; la troisième, celle des *millions* ; la quatrième, celle des *billions* ou *milliards*, etc. Et, dans chaque tranche, le premier chiffre à droite exprime les unités de la tranche ; le second chiffre, les dizaines de la tranche ; le troisième chiffre, les centaines de la même tranche. Enfin, on énonce les tranches à partir de la plus élevée ; en sorte que le nombre précédent se lira de la manière suivante : *Cinq* MILLIONS, *trois cent sept* MILLE, *huit cent quarante-deux* UNITÉS.

Du principe de la *numération décimale*, énoncé tout à l'heure, il suit qu'en ajoutant un zéro à la droite d'un nombre, chaque chiffre de ce nombre acquiert une valeur décuple, comme ayant avancé d'un rang vers la gauche ; en sorte que le nombre lui-même est devenu dix fois plus grand. Il deviendrait dix fois dix, c'est-à-dire cent fois plus grand, si l'on ajoutait deux zéros sur sa droite, et ainsi de suite, décuplant à chaque zéro. Il est évident qu'un nombre serait réduit au dixième, au centième, au millième, etc. de sa valeur primitive, si l'on ôtait sur la droite, un, ou deux, ou trois, etc. zéros.

2. Système métrique.

Le système métrique des poids et mesures est fondé sur le principe de la numération décimale. L'unité de longueur étant admise, toutes les autres mesures s'en déduisent d'une manière simple.

Le *mètre* est cette unité des longueurs. C'est la dix-millionième partie du quart du méridien terrestre, c'est-à-dire de la distance du pôle à l'équateur, mesurée sur la surface de l'Océan.

Le mètre se divise en 10 *décimètres* ; le décimètre, en 10 *centimètres* ; le centimètre, en 10 *millimètres*. Ensuite, 10 mètres forment un *décamètre* ; 10 décamètres, un *hectomètre* ; 10 hectomètres, un *kilomètre* ; 10 kilomètres, un *myriamètre*.

En général, les expressions *déci*, *centi*, *milli*, placées en avant du nom de l'unité, indiquent les dixièmes, les centièmes et les millièmes de cette unité ; et les expressions *déca*, *hecto*, *kilo*, *myria*, les dizaines, centaines, mille et dizaines de mille de la même unité.

L'*are* est l'unité des mesures agraires. C'est un carré qui a pour côté le décamètre, et qui par conséquent équivaut à cent mètres carrés.

Le *stère* est l'unité des mesures de solidité. C'est le cube du mètre. Il sert à mesurer le bois de chauffage, le volume des bois d'équarrissage, etc.

Le *litre* est l'unité des mesures de capacité, pour les liquides, les graines et autres matières sèches. C'est le cube du décimètre. Il se divise en 10 *décilitres* et en 100 *centilitres*. Ses composés sont le *décalitre* et l'*hectolitre*, mesures de 10 et de 100 litres.

Le *gramme* est l'unité des poids. Il pèse dans le vide comme un centimètre cube d'eau pure, au maximum de densité, qui arrive à 4 degrés du thermomètre centigrade. Ses subdivisions sont le *décigramme*, le *centigramme* et le *milligramme*, ou dixième, centième et millième de gramme. Ses multiples sont le *décagramme*, l'*hectogramme* et le *kilogramme*, qui représentent dix, cent et mille grammes.

Le *franc* est l'unité des monnaies. C'est une pièce qui pèse 5 grammes, et qui est formée de 9 parties d'argent sur une partie de cuivre. Deux de ses divisions, le *décime* et le *centime*, ou dixième et centième de franc, sont seules usitées.

II.

1. ADDITION ; — 2. SOUSTRACTION ; — 3. MULTIPLICATION ; — 4. DIVISION
DES NOMBRES ENTIERS.

1. Addition des nombres entiers.

L'addition est une opération par laquelle on réunit plusieurs nombres en un seul. Le résultat est ce qu'on appelle la *somme* ou le *total* de ces nombres.

A cet effet, on écrit les nombres les uns sous les autres, en ayant soin de les aligner sur la droite, de telle manière que les chiffres d'un même ordre soient tous placés dans une même colonne verticale. Alors on peut faire les sommes partielles des unités, des dizaines, des centaines, etc., jusqu'à l'ordre le plus élevé. Chaque somme partielle se met au-dessous de la colonne qui l'a produite, et toutes ces sommes partielles forment la somme totale que l'on cherchait.

Si une somme partielle ne dépasse pas 9 , on l'écrit purement et simplement à sa place. Mais si cette somme exigeait deux chiffres, comme 45 , on inscrirait seulement le premier chiffre à droite 5 au-dessous de la colonne, et l'on *retiendrait* le second chiffre 4 pour l'ajouter à la colonne suivante. En effet, 45 unités d'un certain ordre font 5 unités de cet ordre, plus 4 unités de l'ordre immédiatement supérieur. On voit de suite que si une somme partielle donnait trois chiffres, comme 245, on devrait poser 5 et retenir 24 pour la colonne suivante. C'est à cause de ces retenues que l'addition doit se faire à commencer par la droite, c'est-à-dire par les chiffres d'ordres inférieurs, dont la somme partielle peut donner des valeurs d'ordres plus élevés.

Mais, après avoir fait l'addition par la droite, on peut la faire par la gauche, et vérifier ainsi la première opération. Supposons faite l'addition suivante :

$$\begin{array}{r} 5306 \\ 4981 \\ 6349 \\ 8510 \\ \hline 25146 \end{array}$$

on fera les additions des colonnes en commençant par la gauche, et l'on trouvera successivement 23 , 20 , 13 et 16 , sommes partielles que l'on retranchera au fur et à mesure de la somme totale 25146 , laquelle se trouvera réduite à zéro, si l'opération est faite sans erreur.

2. Soustraction des nombres entiers.

La soustraction est une opération par laquelle on retranche un nombre d'un autre, qui est nécessairement plus grand

Le résultat de cette opération se nomme le *reste* du grand nombre, ou son *excès* sur le plus petit, ou la *différence* entre les deux nombres.

Pour faire une soustraction, on met le petit nombre sous le plus grand, de telle manière que les chiffres de même ordre se correspondent. Puis chacun des chiffres du petit nombre se retranche du chiffre correspondant du grand nombre; les restes partiels s'écrivent au-dessous, et forment par leur réunion la différence cherchée.

Mais si le chiffre du grand nombre était plus petit que le chiffre correspondant du petit nombre, le reste partiel ne pourrait plus s'obtenir immédiatement. Il faudrait, au préalable, *emprunter* dans le grand nombre une unité de l'ordre immédiatement supérieur, pour l'ajouter comme une dizaine à ce chiffre trop petit. Si par exemple on avait à retrancher 47 de 83, ne pouvant retrancher 7 unités de 3 unités, on porterait ces dernières unités à 13, par l'adjonction d'une dizaine prélevée sur les 8 dizaines, qui se trouveraient réduites à 7.

Si le chiffre auquel on recourt pour l'emprunt se trouvait être un zéro, on passerait au chiffre suivant sur lequel on prélèverait une unité, qui en deviendrait 10 de l'ordre du zéro, lequel se réduirait à 9 en prélevant l'unité demandée. C'est ainsi qu'en passant sur un ou plusieurs zéros pour aller faire l'emprunt d'une unité, ces zéros deviennent comme autant de 9.

Pour faire la preuve de la soustraction, il faut ajouter le petit nombre avec le reste, et la somme reproduira le grand nombre si l'opération est sans faute.

3. Multiplication des nombres entiers.

Multiplier un nombre par un autre, c'est répéter le premier autant de fois qu'il y a d'unités dans le second. Ainsi multiplier 457 par 23, c'est faire la somme de 23 nombres égaux à 457.

Le nombre que l'on répète ou que l'on ajoute à lui-même est le *multiplicande* ; le nombre qui indique combien de fois cette répétition doit avoir lieu, se nomme le *multiplicateur* ; le résultat de la multiplication s'appelle le *produit*, dont les deux *facteurs* sont le multiplicande et le multiplicateur.

Le produit étant une répétition du multiplicande, est nécessairement de la même espèce que ce dernier.

La multiplication des nombres exige que l'on connaisse tous les produits de deux nombres d'un seul chiffre chacun. Ces produits se trouvent indiqués dans la table suivante, dont l'invention est attribuée à Pythagore :

1	2	3	4	5	6	7	8	9
2	4	6	8	10	12	14	16	18
3	6	9	12	15	18	21	24	27
4	8	12	16	20	24	28	32	36
5	10	15	20	25	30	35	40	45
6	12	18	24	30	36	42	48	54
7	14	21	28	35	42	49	56	63
8	16	24	32	40	48	56	64	72
9	18	27	36	45	54	63	72	81

Dans ce tableau, chaque nombre est le produit des deux nombres qui se trouvent l'un en tête de la même colonne verticale, l'autre à gauche de la même rangée horizontale.

La multiplication par un nombre d'un seul chiffre se fait en multipliant par ce chiffre chacun des chiffres du multiplicande, en allant de la droite vers la gauche. On écrit dans le même ordre les produits partiels, en faisant les retenues comme pour l'addition.

Lorsque le multiplicateur consiste en un seul chiffre suivi de zéros, comme 300, on multiplie d'abord par 3, puis on ajoute à la droite du produit les deux zéros du multiplicateur : car on aurait ainsi répété le multiplicande 3 fois, et ce résultat 100 fois, ce qui fait 300 fois.

On passe ensuite aisément au cas de la multiplication par un nombre quelconque. Car s'il s'agissait de multiplier 81296 par 3547, on multiplierait le même nombre 81296 d'abord par 7, puis par 40, puis par 500, puis par 3000, et on ajouterait entre eux tous ces produits partiels. Voici l'opération :

$$
\begin{array}{rl}
81296 & \text{Multiplicande.} \\
3547 & \text{Multiplicateur.} \\
\hline
569072 & \text{Produit par 7.} \\
3251840 & \text{Produit par 40.} \\
40648000 & \text{Produit par 500.} \\
243888000 & \text{Produit par 3000.} \\
\hline
288356912 & \text{Produit par 3547.}
\end{array}
$$

S'il y avait des zéros à la suite du multiplicande et du multiplicateur, on en ferait d'abord abstraction, et l'on compléterait le produit en ajoutant à sa droite autant de zéros qu'il y en a dans les deux facteurs ; car on arriverait à ce résultat en suivant la marche ordinaire, indiquée ci-dessus.

4. Division des nombres entiers.

Diviser un nombre par un autre, c'est chercher combien de fois celui-ci est contenu dans le premier ; ou bien, c'est partager le premier en autant de parties égales qu'il y a d'unités dans le second.

Ainsi, diviser 43658 par 24, c'est chercher combien de fois 24 est contenu dans 43658 ; ou bien, c'est partager 43658 en 24 parties égales.

Le *dividende* est le nombre 43658 que l'on divise, et le *diviseur* est le nombre 24 par lequel on divise. Le résultat de l'opération se nomme *quotient*.

Pour diviser un nombre par un autre, il faut diviser par ce dernier chacun des chiffres du premier, et réunir les quotients partiels. Voici l'opération sur les nombres indiqués plus haut :

Dividende	13658	24	diviseur.
	120	569	quotient.
Premier reste. . .	1658		
	144		
Second reste.. . .	218		
	216		
Reste final. . . .	2		

On trouve d'abord que 136 centaines divisées par 24 donnent 5 centaines pour quotient, avec un premier reste 1658 ; puis, que 165 dizaines divisées par 24 donnent 6 dizaines pour quotient, avec un second reste 218 ; qu'enfin 218 unités divisées par 24 donnent 9 unités pour quotient, avec un troisième reste 2 , qui ne peut plus être divisé par 24. Le quotient complet est donc 569 ; en sorte que le dividende 13658 contient 569 fois le diviseur 24 , avec un reste ou excès de 2 unités. Par conséquent, si l'on multiplie le diviseur par le quotient et qu'on ajoute au produit le reste final de la division, on retrouvera le dividende , et on aura ainsi vérifié l'opération.

Lorsqu'on fait les divisions partielles, on reconnaît qu'un chiffre posé au quotient est trop fort si le produit du diviseur par ce chiffre ne peut pas être retranché du reste correspondant de la division ; on reconnaît que ce chiffre est trop faible lorsque le suivant surpasserait 9.

III.

EXTENSION DES MÊMES RÈGLES AUX NOMBRES ENTIERS ACCOMPAGNÉS DE FRACTIONS DÉCIMALES ET AUX FRACTIONS DÉCIMALES PURES.

On a vu par le principe de la numération décimale, que le même chiffre acquiert une valeur dix fois plus forte à mesure qu'il avance d'un rang vers la gauche. Réciproquement, ce chiffre acquiert une valeur dix fois moindre à mesure qu'il recule d'un rang vers la droite. Arrivé au rang des unités simples , ce chiffre peut encore descendre plus bas, il exprimera des dixièmes d'unité si on l'inscrit à la première place à droite des unités; des centièmes , si on le met à la seconde place ; des millièmes à la troisième place, et ainsi de suite. Mais pour assigner à chaque chiffre son rang, il faut avoir soin de placer une virgule immédiatement à la droite du chiffre des unités ; car une fois ce chiffre connu, on aura la valeur de tous ceux qui sont à sa gauche, lesquels forment la partie *entière* du nombre, et la valeur de tous ceux qui sont à sa droite, lesquels forment la partie *décimale* du même nombre.

D'après cela, on voit qu'en partant de la virgule et allant vers la droite, la première décimale exprime des dixièmes d'unité ; la seconde, des centièmes ; la troisième, des millièmes ; puis des dix-millièmes, des cent-millièmes, des millionièmes, et ainsi de suite indéfiniment.

Pour énoncer la partie décimale d'un nombre, on peut énoncer chaque chiffre en ajoutant la valeur que son rang lui assigne ; ou bien lire toute la partie décimale comme un nombre entier, en ajoutant la dénomination du dernier chiffre décimal. En effet, 5 dixièmes et 7 centièmes, par exemple, font 57 centièmes ; 5 dixièmes 7 centièmes et 3 millièmes font 573 millièmes, et ainsi du reste.

Un nombre tel que 46,573 deviendra évidemment 10 fois plus grand si l'on recule la virgule d'un rang vers la droite, comme 465,73, puisque alors chaque chiffre, tant de la partie décimale que de la partie entière, aura marché d'un rang vers la gauche. Réciproquement, le nombre 46,573 deviendra 10 fois plus petit, si, reculant la virgule d'un rang vers la gauche, on écrit 4,6573. En déplaçant la virgule de deux rangs, on multiplie ou divise le nombre par 100 ; par 1000, si l'on déplace la virgule de trois rangs, etc.

Au reste, comme la valeur de chaque chiffre dépend de sa position relativement à la virgule, on voit qu'il est indifférent d'ajouter ou de retrancher des zéros sur la droite de la partie décimale, de même qu'il est inutile d'en mettre à la gauche de la partie entière.

L'addition et la soustraction des fractions décimales se font absolument comme pour les nombres entiers. Il suffit de placer les virgules dans la même colonne verticale.

Quant à la multiplication des fractions décimales, il faut d'abord considérer le cas où le multiplicande seul a des décimales, comme 36,251, et le multiplicateur est un nombre entier, tel que 47. Il est clair qu'il faut répéter 47 fois tant la partie entière 36 que la partie décimale 0,251. Donc la multiplication doit se faire sans égard pour la virgule, en ayant soin de la placer au produit comme elle l'est au multiplicande.

Si le multiplicateur a des chiffres décimaux, comme 45,37, il faut supprimer la virgule, ce qui le rendra cent fois plus grand ; puis faire la multiplication comme précédemment, ce qui donnera 55717,787 :

ce produit sera donc cent fois trop grand, et pour le ramener à sa valeur réelle, il faudra reculer la virgule de deux rangs vers la gauche, d'où 557,17787 ; en sorte que le produit aura cinq décimales, c'est-à-dire autant qu'il y en a dans le multiplicande et le multiplicateur. Pour compléter ce nombre de chiffres décimaux, il est quelquefois nécessaire d'ajouter des zéros sur la gauche du produit. Ainsi 0,35 multiplié par 0,07 donne 0,0245.

On arrive encore à la même règle de la manière suivante : multiplier par 0,45, c'est répéter le multiplicande 4 dixièmes de fois et 5 centièmes de fois ; ou mieux, c'est en prendre 4 fois le dixième et 5 fois le centième. Or, on en prend le dixième en reculant la virgule d'un rang ; et le centième, de deux rangs vers la gauche du multiplicande ; après quoi on multipliera les deux résultats respectivement par 4 et par 5.

La division des fractions décimales se fait absolument comme celle des nombres entiers, si le dividende et le diviseur ont autant de chiffres décimaux l'un que l'autre, auquel cas on supprime les deux virgules pour faire ensuite la division. En effet, soit à diviser 37,459 par 2,163 ; c'est, en réduisant tout en millièmes, chercher combien de fois 37459 millièmes contiennent 2163 millièmes. Le quotient sera évidemment le même que si l'on cherchait combien de fois 37459 unités contiennent 2163 unités.

Si les fractions n'avaient pas un égal nombre de décimales, on ajouterait suffisamment de zéros à la droite de celle qui en aurait le moins, et l'opération continuerait comme précédemment.

IV.

1. DES FRACTIONS EN GÉNÉRAL ; — 2. RÉDUCTION DE PLUSIEURS FRACTIONS AU MÊME DÉNOMINATEUR.

1. Des fractions en général.

Il est souvent besoin de partager en parties égales une chose considérée comme une unité ; d'autres fois on veut avoir le quotient exact d'un certain nombre de choses qui ne peuvent se diviser sans reste. Dans l'un et l'autre cas il est nécessaire de diviser l'unité en parties égales, plus ou moins petites, pour considérer une ou plusieurs de ces parties sous le nom de *fraction*.

Une fraction s'écrit à l'aide de deux nombres ou *termes*, placés l'un au-dessous de l'autre et séparés par un trait horizontal. Le nombre inférieur, appelé *dénominateur*, indique en combien de parties égales l'unité a été divisée; le nombre supérieur, appelé *numérateur*, indique combien l'on prend de ces parties pour constituer la fraction.

On peut considérer une fraction comme exprimant le quotient du numérateur (qui est dividende) par le dénominateur (qui est diviseur).

En effet, on arrive à la fraction $\frac{3}{5}$, par exemple, de deux manières; soit en prenant 3 parties d'une seule unité, divisée en 5 parties; soit en divisant 3 unités chacune en 5 parties, et prélevant une partie de chaque unité.

2. Réduction de plusieurs fractions au même dénominateur.

Si l'on double, triple, etc., le numérateur d'une fraction, on doublera, triplera, etc., le nombre des parties qui la composent, et par suite on doublera, triplera, etc. la fraction elle-même. Réciproquement, on la diviserait en divisant le numérateur seulement, si cette division pouvait se faire sans reste.

Mais si l'on double, ou triple, etc. le dénominateur d'une fraction, on rendra les parties qui la composent deux, trois, etc. fois plus petites, et par conséquent on aura divisé la fraction par 2, par 3, etc. Réciproquement, on la multiplierait si l'on pouvait diviser le dénominateur sans reste.

On ne changera donc point la valeur d'une fraction si l'on multiplie, ou si l'on divise ses deux termes par un même nombre. Cette remarque conduit à la manière de simplifier une fraction. On la ramène à sa plus simple expression en divisant ses deux termes sans reste par le plus grand nombre possible.

Quand les fractions proposées n'ont pas le même dénominateur, on les ramène à cette condition en multipliant les deux termes de chacune par les dénominateurs de toutes les autres. Alors, sans changer leurs valeurs respectives, ces fractions acquièrent le même dénominateur.

V.

ADDITION ET SOUSTRACTION DES FRACTIONS.

Les fractions ordinaires ne peuvent se combiner, par voie d'addition et de soustraction, qu'autant qu'elles ont même dénominateur; car on ne peut ajouter ou retrancher que des choses de même espèce,

que des parties de même dénomination. Dans ce cas, il suffit de faire
ces deux genres d'opération sur les numérateurs, en donnant au résultat le dénominateur commun.

Par exemple, s'il s'agissait de prendre la somme ou la différence des
deux fractions $\frac{4}{5}$ et $\frac{3}{7}$, on commencerait par les ramener au même
dénominateur, en multipliant les deux termes de la première par le
dénominateur 7 de la seconde, et les deux termes de celle-ci par le
dénominateur 5 de la première, d'où

$$\frac{28}{35} \quad \text{et} \quad \frac{15}{35}.$$

Leur somme s'obtiendra ensuite en additionnant les numérateurs
28 et 15 , d'où

$$\frac{43}{35} \quad \text{équivalent à} \quad 1 \quad \text{plus} \quad \frac{8}{35} ;$$

et leur différence, en retranchant le plus petit numérateur 15 du
plus grand 28 , d'où

$$\frac{13}{35}$$

VI.

MULTIPLICATION ET DIVISION D'UN NOMBRE ENTIER PAR UNE FRACTION, D'UNE
FRACTION PAR UNE FRACTION. SENS QUE L'ON ATTACHE A CES EXPRES-
SIONS.

Multiplier une fraction par un nombre entier, c'est évidemment
répéter cette fraction autant de fois qu'il y a d'unités dans ce nombre.
Mais la multiplication par une fraction est moins aisée à concevoir.
Par exemple, multiplier quelque chose par $\frac{3}{5}$, c'est prendre les
trois cinquièmes de cette chose. On en prend le cinquième en divisant
la chose par 5 , et l'on prend 3 de ces parties à l'aide d'une multiplication ; en sorte que la multiplication par une fraction est une
opération complexe, à savoir, une division suivie d'une multiplication.

Supposons qu'il s'agisse de multiplier $\frac{3}{5}$ par 4 : le produit sera
évidemment $\frac{12}{5}$; le numérateur seul ayant été multiplié par 4.

Mais s'il s'agissait de multiplier 4 par $\frac{3}{5}$, c'est-à-dire de prendre
les trois cinquièmes de 4 , on prendrait d'abord le cinquième de 4,
qui est $\frac{4}{5}$; puis on multiplierait ce quotient par 3 , et l'on aurait
$\frac{12}{5}$ pour résultat final, comme tout à l'heure.

La multiplication de deux fractions l'une par l'autre, de $\frac{3}{5}$ par
$\frac{4}{7}$, n'offre pas plus de difficulté. On prendra d'abord le septième de

$\frac{3}{5}$, d'où $\frac{3}{35}$; puis on prendra 4 fois ce quotient, d'où le résultat final $\frac{12}{35}$, lequel fait voir que le produit de deux fractions s'obtient en multipliant terme à terme, c'est-à-dire numérateur par numérateur, et dénominateur par dénominateur.

Quand la fraction est accompagnée d'un nombre entier, auquel cas on a un *nombre fractionnaire*, on commence par réunir le tout en une seule fraction, de la manière suivante : si par exemple on avait le nombre fractionnaire 3 plus $\frac{2}{5}$, on pourrait écrire $\frac{3}{1}$ plus $\frac{2}{5}$, puis multiplier par 5 les deux termes de la première fraction, ce qui donnerait $\frac{15}{5}$ plus $\frac{2}{5}$, ou $\frac{17}{5}$. Alors la multiplication des nombres fractionnaires se trouve ramenée à celle de simples fractions.

Le produit de deux ou de plusieurs fractions donne naissance aux fractions de fractions. Ainsi multiplier $\frac{3}{5}$ par $\frac{4}{7}$ et par $\frac{6}{11}$, c'est prendre les quatre septièmes de la première fraction, puis les six onzièmes du résultat ; en d'autres termes, c'est prendre les six onzièmes des quatre septièmes de trois cinquièmes ; ce qui s'obtient en multipliant tous les numérateurs les uns par les autres, ainsi que tous les dénominateurs, et mettant le second produit sous le premier.

Le produit de deux fractions plus petites que l'unité est nécessairement moindre que chacune de ces fractions ; car par exemple les 4 septièmes de $\frac{3}{5}$ valent moins que les 7 septièmes de la même fraction ou que cette fraction tout entière. D'ailleurs le produit est le même, quel que soit l'ordre de la multiplication.

Diviser une fraction par 2, par 3, par 4, etc., c'est rendre cette fraction 2 fois, 3 fois, 4 fois, etc. plus petite ; opération que l'on effectue en multipliant le dénominateur par ces nombres, ou lorsque cela se peut sans reste, en divisant le numérateur par les mêmes nombres, comme il a été dit plus haut.

Pour diviser un nombre entier par une fraction, par exemple 4 par $\frac{3}{5}$, on réduira 4 en cinquièmes, d'où $\frac{20}{5}$ à diviser par $\frac{3}{5}$, ou 20 à diviser par 3, ce qui donne $\frac{20}{3}$ pour quotient.

Ayant à diviser une fraction telle que $\frac{4}{7}$ par une autre fraction telle que $\frac{3}{5}$, on réduira ces deux fractions au même dénominateur, d'où $\frac{20}{35}$ à diviser par $\frac{21}{35}$, ou enfin 20 à diviser par 21, ce qui donne $\frac{20}{21}$ pour le quotient cherché. Ce raisonnement fait voir que le quotient s'obtient en multipliant terme à terme le dividende par la fraction diviseur renversée. La même règle s'étend aux nombres entiers, auxquels on peut donner l'unité pour dénominateur. Elle s'applique également aux nombres fractionnaires, après que l'on a transformé ceux-ci en de simples fractions, comme il a été dit à l'article de la multiplication des nombres fractionnaires.

VII.

1. RÈGLE DE TROIS; — 2. RÈGLE D'INTÉRÊT; — 3. RÈGLE D'ESCOMPTE PAR LA MÉTHODE DITE DE RÉDUCTION A L'UNITÉ.

Le *rapport* de deux nombres est le quotient de l'un par l'autre. Ainsi le rapport de 12 à 4 est le quotient 3 . Celui de 3 à 5 ne pourrait s'exprimer que par la fraction $\frac{3}{5}$, qui indique en effet le quotient de 3 par 5 . Aussi tout rapport peut-il être mis sous la forme d'une fraction. Le premier nombre ou *terme* du rapport, qui devient le numérateur de la fraction, se nomme *antécédent;* et le second nombre ou terme, qui devient le dénominateur de la fraction, est le *conséquent.* Le rapport de 3 à 5 s'écrit

$$3 : 5 , \quad \text{ou} \quad \frac{3}{5},$$

et se lit 3 *est à* 5 ou 3 *divisé par* 5.

Une *proportion* est l'égalité de deux rapports ou fractions. Ainsi le rapport de 3 à 5 et celui de 6 à 10 étant le même, on exprime cette égalité par

$$3 : 5 :: 6 : 10 , \quad \text{ou} \quad \frac{3}{5} = \frac{6}{10},$$

et la proportion qui en résulte se lit : 3 *est à* 5 *comme* 6 *est à* 10 . Toute proportion contient ainsi deux antécédents (ici 3 et 6) et deux conséquents (ici 5 et 10).

Le premier et le dernier terme d'une proportion s'appellent les *extrêmes;* le second et le troisième, les *moyens.* Or on démontre de la manière suivante que le produit des extrêmes est toujours égal au produit des moyens. Soit en effet la proportion 3 : 5 :: 6 : 10 , mise sous la forme de fractions

$$\frac{3}{5} = \frac{6}{10}.$$

On réduira ces deux fractions au même dénominateur, on supprimera ce commun dénominateur, sans troubler l'égalité ci-dessus, et il restera $3 \times 10 = 6 \times 5$; ce qu'il fallait démontrer.

Réciproquement, il y a proportion quand le produit des extrêmes est égal au produit des moyens. Pour le démontrer, on divise par

5×10 chaque membre de l'égalité $3 \times 10 = 6 \times 5$, on réduit les fractions qui en résultent, et il vient

$$\frac{3}{5} = \frac{6}{10}, \quad \text{ou} \quad 3 : 5 :: 6 : 10.$$

On peut ainsi trouver le quatrième terme d'une proportion dont on connaît les trois autres termes. Si le terme inconnu est un extrême, on l'obtiendra en formant le produit des moyens, et divisant par l'extrême connu ; et s'il s'agit de retrouver un des moyens, on divise par l'autre moyen le produit des extrêmes : c'est là ce qui constitue la *règle de trois*, ainsi nommée parce qu'on retrouve un nombre à l'aide de trois autres nombres donnés par la question.

1. Règle de trois.

Toute question qui conduit à la règle de trois renferme deux espèces de choses, lesquelles croissent ou décroissent dans le même rapport. Exemple : *si 12 mètres d'étoffe ont coûté 69 francs, que coûteront 16 mètres de la même étoffe?* Ici les deux espèces de choses sont des *mètres* et des *francs;* plus il y aura de mètres et plus il vaudront de francs, en sorte qu'il y a égalité dans les rapports des mètres et des francs. En désignant par x le nombre inconnu on aura donc :

$$\frac{x}{69} = \frac{16}{12}.$$

Le premier rapport est celui des francs, et le second celui des mètres ; de plus, x et 16, qui se correspondent, sont les numérateurs ou les antécédents ; 69 et 12, qui dépendent l'un de l'autre, sont les dénominateurs ou les conséquents, en sorte que les rapports sont *directs*.

D'autres fois les deux choses forment des rapports *inverses*. Par exemple : *si 12 ouvriers ont fait un travail en 69 jours, combien de jours emploieront 15 ouvriers à faire le même travail?* Plus il y aura d'ouvriers, et moins il faudra de jours. Or 12 ouvriers travaillant 69 jours équivaut à 12 fois 69 journées d'un seul ouvrier ; pareillement, 15 ouvriers travaillant x jours équivaut à 15 fois x journées. Égalant ces deux nombres de journées, on aura $15 \times x = 12 \times 69$, d'où $\frac{x}{69} = \frac{12}{15}$. Le premier rapport est celui des jours, et le second celui des ouvriers ; mais ces deux rapports sont renversés l'un relativement à l'autre, tellement que les 12 ouvriers qui correspondent aux 69 jours, forment un numérateur ou antécédent, et un dénominateur ou conséquent, et non pas deux termes de même dénomination.

Pour le troisième cas, il arrive que la question renferme plus de deux espèces de choses, formant autant de rapports deux à deux. Ainsi dans la question suivante : *24 ouvriers ont creusé en 9 jours et 12 heures par jour, un fossé de 120 mètres de long sur 3 mètres de large et 2 mètres de profondeur : combien de jours emploieront 36 ouvriers travaillant 10 heures par jour, pour creuser un fossé de 100 mètres de long sur 2 mètres de large et 15 mètres de profondeur ?* Il y a six espèces de nombres, savoir : des *ouvriers*, des *jours*, des *heures*, des *longueurs*, des *largeurs* et des *profondeurs*. En désignant par x le nombre de jours cherchés, on voit que 24 ouvriers, pendant 9 jours et 12 heures par jour, revient à $24 \times 9 \times 12$ heures de travail ; que 36 ouvriers pendant x jours et 10 heures par jour, revient à $36 \times x \times 10$ heures de travail ; que 120 mètres sur 3 et 2 représente $120 \times 3 \times 2$ mètres cubes ; qu'enfin 100 mètres sur 2 et 1,5 représente $100 \times 2 \times 1,5$ mètres cubes. Ainsi la question, quelque complexe qu'elle était, est devenue simple, et se trouve résolue par l'égalité des deux rapports

$$\frac{36 \times x \times 10}{24 \times 9 \times 12} = \frac{100 \times 2 \times 1,5}{120 \times 3 \times 2},$$

le premier rapport étant celui des heures de travail, le second celui des mètres cubes, et ces deux rapports étant directs ; on tire de là

$$\frac{x}{9} = \frac{24}{36} \times \frac{12}{10} \times \frac{100}{120} \times \frac{2}{3} \times \frac{1,5}{2},$$

ce qui montre que le rapport des jours est égal au produit de tous les autres rapports, pris directement ou inversement, suivant que les jours sont en rapport direct ou en rapport inverse avec les nombres constituant ces divers rapports.

La règle de trois s'applique donc à toutes les questions dans lesquelles il s'agit de combiner des rapports, soit directs soit inverses. L'essentiel est de reconnaître l'existence de ces rapports, qui se supposent mais ne se démontrent pas. Il ne suffit pas de savoir que deux choses croissent ou décroissent ensemble, ou bien que l'une décroît quand l'autre augmente, pour être en droit d'établir la proportionnalité directe ou inverse. Si par exemple sachant que le percement d'un puits 5 mètres de profondeur a coûté 30 francs, il ne faudrait pas conclure qu'un puits de 10 mètres de même diamètre, creusé dans le même terrain, par les mêmes ouvriers, coûterait proportionnellement le double, c'est-à-dire 60 francs : par cette raison que ce travail dépend tout à la fois de la quantité de terrain enlevée et de la profondeur où l'excavation se fait.

Ainsi la proportionnalité étant admise dans le premier exemple ci-dessus (*si 12 mètres d'étoffe ont coûté 69 francs, que coûteront 16 mètres de la même étoffe?*) voici comment on pourra résoudre la question; 12 mètres ayant coûté 69 francs, un seul mètre coûtera la 12ᵉ partie de 69, savoir la fraction

$$\frac{69}{12} \text{ francs,}$$

et 16 mètres coûteront 16 fois cette fraction, savoir

$$\frac{69 \times 16}{12}, \text{ ou 92 francs.}$$

Pour résoudre le second exemple, (*si 12 ouvriers ont fait un travail en 69 jours, combien de jours emploieront 15 ouvriers à faire le même travail?*) on dira : si 12 ouvriers ont employé 69 jours, un seul ouvrier emploierait 12 fois plus de jours, savoir

$$69 \times 12 \text{ jours,}$$

et 15 ouvriers emploieront 15 fois moins de temps qu'un seul ouvrier, savoir

$$\frac{69 \times 12}{15} \text{ jours, ou 55 jours } \tfrac{1}{5}.$$

Enfin le troisième exemple, qui renferme plus de deux espèces de choses et donne lieu à la règle dite de *trois complexe*, se résoudra de la manière suivante : faisant correspondre les nombres de même dénomination, on écrira

jours,		ouvriers,		heures,		longueur,		largeur,		profondeur.
9	—	24	—	12	—	120	—	3	—	2
x	—	36	—	10	—	100	—	2	—	1,5

et comme il s'agit de trouver un nombre de jours, désigné par x, on partira des 9 jours qu'ont employés 24 ouvriers. A ce compte, un seul ouvrier eût employé 24 fois plus de jours, savoir

$$9 \times 24 \text{ jours,}$$

et 36 ouvriers emploieront 36 fois moins de jours, savoir

$$\frac{9 \times 24}{36} \text{ jours},$$

toutes les autres circonstances restant d'ailleurs les mêmes. Mais si, au lieu de travailler 12 heures par jour, on ne travaillait que 1 heure, le nombre de jours précédent serait 12 fois plus considérable, savoir

$$\frac{9 \times 24 \times 12}{36} \text{ jours};$$

et si, au lieu de 1 heure on travaillait 10 heures, on emploierait 10 fois moins de jours, savoir

$$\frac{9 \times 24 \times 12}{36 \times 10} \text{ jours.}$$

Mais si le fossé n'avait que 1 mètre de long au lieu de 120, il faudrait 120 fois moins de jours ; puis 100 fois plus de jours, en redonnant à ce fossé de 1 mètre une longueur de 100 mètres ; tellement que le nombre de jours deviendrait

$$\frac{9 \times 24 \times 12 \times 100}{36 \times 10 \times 120} \text{ jours.}$$

Changeant la largeur de 3 mètres en largeur de 1 seul mètre, il faudrait 3 fois moins de jours; puis 2 fois plus de jours, en repassant de 1 mètre à 2 mètres de largeur : d'où le nombre de jours

$$\frac{9 \times 24 \times 12 \times 100 \times 2}{36 \times 10 \times 120 \times 3} \text{ jours.}$$

Enfin ce nombre de jours serait moitié moindre si la profondeur de 2 mètres était réduite à 1 mètre ; puis 1 fois et demie plus considérable, si l'on passait de 1 mètre à 1,5 mètre de profondeur ; d'où le nombre final de jours

$$\frac{9 \times 24 \times 12 \times 100 \times 2 \times 1,5}{36 \times 10 \times 120 \times 3 \times 2} \text{ jours.}$$

Au lieu de faire les multiplications indiquées, tant au numérateur qu'au dénominateur, on ôte les facteurs communs à ces deux termes de la fraction. Et d'abord on supprime le facteur 2, haut et bas, de même que 9 fois 12 au numérateur et 3 fois 36 au dénominateur, qui font également 108. Alors l'expression précédente se réduit à

$$\frac{24 \times 100 \times 1{,}5}{10 \times 120} \text{ jours.}$$

On peut encore supprimer le facteur 100 du numérateur, et réduire à 12 les deux facteurs du dénominateur, qui font 1200; alors on aura simplement

$$\frac{24 \times 1{,}5}{12} \text{ jours.}$$

Enfin divisant haut et bas par 12, il reste

$$2 \times 1{,}5 \text{ jours,}$$

c'est-à-dire

$$3 \text{ jours}$$

pour le nombre cherché. Cet exemple indique ce qu'on aura à faire dans tous les cas où de semblables réductions sont possibles.

2. Règle d'intérêt.

Si 100 francs rapportent 5 francs d'intérêt par an, 200 francs rapporteront 10 francs, 300 francs rapporteront 15 francs, et ainsi de suite, l'*intérêt annuel* croissant proportionnellement au *capital*. Les questions de ce genre ramènent ainsi à la règle de trois directe.

L'intérêt annuel de 100 francs est ce qu'on nomme le *taux* de l'intérêt, qui peut être de 5 francs, comme tout à l'heure, ou de 4 francs, ou de 3 francs, ou de tout autre nombre de francs.

Au-dessous d'un an, on considère le taux comme proportionnel au temps. Dans le commerce et pour plus de simplicité, le taux annuel étant de 6 francs, il est de 3 francs pour 6 mois, de 1 fr. 50 centimes pour 3 mois, et proportionnellement de $\frac{6}{12}$ de franc ou de 50 centimes par mois.

Mais, si l'intérêt d'un capital n'était prélevé qu'après un laps de plusieurs années, il ne serait plus proportionnel au temps et croîtrait plus rapidement que le temps. A la fin de la première année, l'intérêt s'ajouterait au capital et produirait lui-même un intérêt. Le capital augmenterait ainsi d'année en année, et par conséquent rapporterait des intérêts de plus en plus forts : c'est ce qu'on appelle des *intérêts composés*.

L'intérêt *simple*, ou pour un an, se calcule toujours de la manière suivante : on multiplie le capital par le taux, et l'on divise le produit par 100. En effet, qu'il s'agisse de *trouver l'intérêt de* 5240 *francs à* 5 *pour* 100 *par an*. Si 100 francs rapportent 5 francs, 1 franc rapportera 100 fois moins, savoir $\frac{5}{100}$, et 5240 francs rapporteront 5240 fois plus que 1 franc, savoir

$$\frac{5 \times 5240}{100}, \text{ ou } 262 \text{ francs},$$

conformément à la règle précitée.

Réciproquement, si l'on demandait *quel est le capital qui rapporte annuellement* 262 *francs à* 5 *pour* 100, on dirait : si 5 francs sont l'intérêt de 100 francs, 1 franc sera l'intérêt de $\frac{100}{5}$ francs, et 262 francs sera l'intérêt d'un capital 262 fois plus grand, savoir

$$\frac{100 \times 262}{5}, \text{ ou } 5240 \text{ francs}.$$

Enfin, s'il s'agissait de retrouver le taux de l'intérêt, sachant par exemple que 262 francs représentent l'intérêt annuel de 5240 francs, on dirait : puisque 5240 francs rapportent 262 francs, 1 franc rapportera $\frac{262}{5240}$ franc, et 100 francs rapporteront

$$\frac{262 \times 100}{5240}, \text{ ou } 5 \text{ francs}.$$

3. Règle d'escompte.

Si, au lieu de payer immédiatement une somme de 100 francs, un débiteur s'acquittait en signant un billet payable dans un an, il faudrait qu'à l'échéance de ce billet le créancier touchât non-seulement le capital 100 francs, mais de plus l'intérêt qu'eût rapporté ce capital en un an, c'est-à-dire 6 francs si le taux est de 6 pour cent. Par conséquent le billet devra énoncer la somme de 106 francs. En général, un billet payable dans un an doit énoncer le capital dû au commencement de l'année, augmenté de son intérêt annuel.

Réciproquement, si le porteur d'un billet de 106 francs, payable dans un an, veut passer ce billet à un tiers, celui-ci ne lui donnera en échange que la somme de 100 francs, c'est-à-dire le capital dépouillé de son intérêt : c'est ce qu'on appelle *escompter* un billet, *l'escompte* est l'intérêt retranché pour le temps qui reste à courir, et *la somme escomptée* est le montant nominal du billet diminué de l'escompte.

Si le temps à courir n'était plus que de 6 mois, l'escompte ne serait que la moitié de 6 francs, c'est-à-dire 3 francs, et proportionnellement de $\frac{1}{2}$ franc par mois.

Soit pour exemple à *trouver l'escompte d'un billet de 3507 francs payable dans un an, le taux de l'intérêt étant de 5 pour cent.* On dira : si 105 francs contiennent 5 francs d'intérêt, 1 franc contiendra $\frac{5}{105}$ francs d'intérêt et 3507 francs contiendront

$$\frac{5 \times 3507}{105} \text{ fr. d'intérêt,}$$

c'est-à-dire 167 francs, qui est l'escompte cherché ; en sorte que le billet escompté sera

$$3507 \text{ fr.} - 167 \text{ fr.} = 3340 \text{ fr.}$$

Si l'on demandait l'escompte pour 5 mois, on chercherait d'abord l'escompte pour un an ; on diviserait cet escompte par 12 , puis on multiplierait par 5.

Dans ce cas, tous les mois de l'année sont censés égaux et de 30 jours ; en sorte que l'année est supposée de 360 jours. Si donc l'escompte était demandé pour 50 jours par exemple, on diviserait l'escompte annuel par 360 et on multiplierait ensuite par 50.

Au lieu de calculer ainsi l'escompte en ôtant 5 francs de 105 francs, ou 6 francs de 106 , etc., ce qui est la seule manière rationnelle de prendre l'escompte, on ôte habituellement 5 fr. ou 6 fr. etc. sur 100 francs, ce qui donne un escompte évidemment plus fort. Par cette manière inexacte de calculer on prend ce qu'on appelle l'escompte *en dehors*, par opposition à la manière exacte qui fait prélever l'escompte *en dedans*.

<hr>

VIII.

PARTAGE D'UNE SOMME EN PARTIES PROPORTIONNELLES A DES NOMBRES DONNÉS.

Si l'on demandait de diviser le nombre 72 en deux parties, dont l'une fût double de l'autre, il faudrait évidemment diviser 72 par 3 qui est la somme de 1 et 2 : le quotient 24 sera l'une des parties demandées, et le double ou 48 l'autre partie.

Pour second exemple, qu'il s'agisse de diviser 744 en trois par ties, dont la seconde soit double de la première, et la troisième égale aux deux autres. Représentant

la première par...... x
la seconde sera ...... $2\,x$
la troisième .... $3\,x$
et le total ...... $6\,x$

devra égaler le nombre 744 . Par conséquent il faudra diviser 744 par 6 , pour avoir la plus petite portion x : celle-ci sera donc 124, la seconde 248 , et la troisième 372 . Leur somme redonne en effet 744.

En général, soit à diviser une somme proportionnellement à des nombres donnés, on fera le total de ces nombres et l'on divisera la somme proposée par ce total. Le quotient, multiplié tour à tour par chacun des nombres donnés, produira les parties de la somme respectivement proportionnelle à ces nombres. Ainsi, pour diviser 161 en parties proportionnelles aux nombres 3 , 5 , 6 et 9 , on fait le total 23 de ces nombres, on divise 161 par 23 , et le quotient 7 étant pris 3 fois, 5 fois, 6 fois et 9 fois, donnera les produits

$$21 \qquad 35 \qquad 42 \qquad 63 ,$$

respectivement proportionnels aux nombres

$$3 \qquad 5 \qquad 6 \qquad 9 .$$

Les questions de ce genre conduisent à la règle dite de *fausse position.*

S'il s'agissait de diviser 781 en trois parties proportionnelles à $\frac{1}{2}$, $2\frac{3}{5}$ et 4 , on commencerait par ramener ces nombre à des fractions ayant le même dénominateur 10 , savoir

$$\frac{5}{10}, \quad \frac{26}{10}, \quad \frac{40}{10} ,$$

on ferait la somme des numérateurs 5 , 26 et 40 , d'où 71 , total par lequel on diviserait 781, et le quotient 11 , multiplié tour à tour par 5 , par 26 et par 40 , donnerait les trois parties demandées

$$55 \quad , \quad 286 \quad \text{et} \quad 440$$

dont la somme est effectivement 781.

Les questions de ce genre conduisent à la règle dite de *double fausse position,* parce qu'après avoir supposé les parts de $\frac{5}{10}$, $\frac{26}{10}$, $\frac{40}{10}$, on les a ensuite supposées de 5 , 26 , 40 , avant d'arriver aux véritables parties 55 , 286 , 440 .

IX.

1. MOYENNE ARITHMÉTIQUE; — 2. RÈGLES D'ALLIAGE.

1. Moyenne arithmétique.

On appelle *moyenne* de deux nombres, tels que 7 et 15 , un troisième nombre 11 qui surpasse le plus petit 7 d'autant qu'il est surpassé par le *plus grand* 15 , c'est-à-dire ici de 4 . Alors on a les deux égalités suivantes :

$$11 = 7 + 4$$
$$11 = 15 - 4$$

d'où
$$2 \text{ fois } 11 = 7 + 15$$

et enfin
$$11 = \frac{7 + 15}{2},$$

c'est-à-dire que *la moyenne de deux nombres est la moitié de la somme de ces deux nombres.*

Et comme on a en même temps

$$7 = 11 - 4$$

et
$$15 = 11 + 4,$$

on en conclut que *le plus petit nombre* 7 *est égal à la demi-somme* 11 *moins la demi-différence* 4 , et que *le plus grand* 15 *est égal à la demi-somme plus la demi-différence.*

Par analogie on est convenu d'appeler *moyenne* de trois nombres, tels que 7 , 11 et 12 , le tiers de la somme de ces nombres, savoir le tiers de 30 , qui est 10. Ici l'on a

$$7 = 10 - 3$$
$$11 = 10 + 1$$
$$12 = 10 + 2$$

d'où
$$7 + 11 + 12 = 3 \text{ fois } 10$$

puis
$$\frac{7 + 11 + 12}{3} = 10.$$

Les différences — 3, + 1, + 2, entre les trois nombres proposés et leur moyenne, sont telles que leur somme est égale à zéro, les positives et les négatives s'annulant exactement.

En général, soit tant de nombres qu'on voudra, on obtiendra ce qu'on appelle leur *moyenne* en faisant la somme de tous ces nombres et divisant cette somme par la quantité de ces nombres.

Quelquefois on prend ainsi la moyenne entre des nombres même très-inégaux entre eux pour avoir un moyen terme sur lequel on puisse établir une suite de raisonnements, plus justes que si on les faisait reposer sur un seul de ces nombres.

D'autres fois, on prend la moyenne entre des nombres très-peu différents les uns des autres, nombres que l'observation n'a pu faire connaître exactement, et qui sont entachés d'erreurs involontaires, que l'on parvient ainsi à atténuer.

2. Règles d'alliage.

Ces règles sont une extension de la règle des moyennes. Par exemple, on mêle 20 litres de vin à 25 centimes le litre, avec 70 litres de vin à 45 centimes, et l'on y ajoute 10 litres d'eau : on veut savoir la valeur d'un litre de ce mélange. On résoudra ainsi la question :

20 litres à 25 centimes valent..........	5 fr.	00 c.
70 litres à 45 centimes valent..........	31	50
10 litres d'eau......................	0	00
les 100 litres du mélange valent..........	36 fr.	50 c.

et par conséquent un seul litre de ce mélange vaudra la centième partie du prix total, savoir 36 centimes et demi.

D'autres fois on veut faire un mélange dont chaque unité ait une valeur donnée, et l'on cherche dans quelle proportion on doit faire ce mélange. Par exemple, ayant deux variétés de graines, l'une à 80 centimes le kilogramme et l'autre à 54 centimes, on voudrait savoir dans quel rapport le mélange doit en être fait pour qu'il revienne à 70 centimes le kilogramme. Il est clair qu'à ce mélange on perdra 80 — 70 ou 10 centim. par kilog. de la première graine, et qu'on gagnera 70 — 54 ou 16 centimes par kilog. de la seconde graine. La perte et le gain devant se compenser, il faudra que 10 fois le nombre de kilog. de la première donne le même résultat que 16 fois le nombre de kilog. de la deuxième, savoir

$$10 \text{ fois kil. de } 1^{re} = 16 \text{ fois kil. de } 2^e$$

d'où

$$\frac{\text{kil. de } 1^{re}}{\text{kil. de } 2^e} = \frac{16}{10},$$

en sorte que les nombres de kilog. des deux variétés de graines doivent être dans le même rapport que 16 et 10, c'est-à-dire en raison inverse des différences entre les valeurs de ces graines et celle du mélange.

Les monnaies françaises, d'or et d'argent, sont des mélanges ou *alliages* de 9 parties en poids d'or ou d'argent avec une partie de cuivre, dont la valeur est regardée comme nulle en proportion.

Dans l'orfévrerie, les bijoux et ustensiles, soit d'argent, soit d'or, sont des alliages de l'un de ces métaux précieux avec le cuivre rouge. La loi ne tolère que deux alliages ou deux *titres* pour les ouvrages d'argent, et trois titres pour les ouvrages d'or. Le premier titre pour l'argent est 950 millièmes (c'est-à-dire que sur 1000 parties il y en aura 950 d'argent et 50 de cuivre); le second titre est 800. Pour l'or, le premier titre est 920, le second 840 et le troisième 750.

Pour résoudre les divers problèmes relatifs aux monnaies d'or et d'argent, ainsi qu'aux valeurs des ouvrages d'orfévrerie dans lesquels se rencontrent ces deux métaux, il faudra recourir aux règles établies ci-dessus pour les moyennes et les alliages. Il faudra en outre savoir : 1° qu'un franc d'argent monnayé pèse 5 grammes; 2° qu'un kilogramme d'or vaut 15 kilog. et demi d'argent; 3° que les frais de fabrication sont de 1 fr. 50 c. par kilogramme d'argent monnayé, et de 6 francs par kilogramme d'or monnayé; en sorte, par exemple, qu'un kilog. d'argent monnayé, qui représente 200 francs ne vaudra plus que 198 fr. 50 c. s'il vient à être réduit en lingot; et qu'un kilog. d'or monnayé, représentant 3100 francs, ne vaudra plus que 3094 francs par suite de sa réduction en lingot. Mais dans le calcul de la valeur des pièces d'orfévrerie, outre la valeur intrinsèque du métal, il faut tenir compte des frais de contrôle et de main-d'œuvre.

ÉLÉMENTS DE GÉOMÉTRIE PLANE.

X.

La géométrie s'occupe de la mesure et des propriétés de l'*étendue*, qui est la portion d'espace occupée par les corps.

Tout corps a trois dimensions, *longueur*, *largeur* et *épaisseur*. Sa limite est une *surface*, qui n'a que deux dimensions, longueur et largeur. La limite d'une surface est une *ligne* qui n'a que la longueur pour dimension. Enfin les limites d'une ligne sont des *points*, qui n'ont plus aucune dimension.

La *ligne droite* est le plus court chemin d'un point à un autre. Toute ligne qui n'est ni droite ni composée de lignes droites, est une *ligne courbe*.

Le *plan* est une surface sur laquelle on peut appliquer exactement une ligne droite dans tous les sens. Toute surface qui n'est ni plane ni formée de surfaces planes, est une *surface courbe*.

L'*angle* est formé par deux droites qui, partant d'un même point, vont dans deux directions différentes. Le point de rencontre des deux droites est le *sommet* de l'angle, et ces droites en forment les *côtés*. Ceux-ci peuvent être prolongés indéfiniment sans changer l'ouverture ou la grandeur de l'angle. On considère aussi l'angle comme la portion indéfinie du plan comprise entre les côtés de cet angle.

Le *cercle* est la portion de surface plane bornée par une ligne courbe nommée *circonférence*, dont tous les points sont à égale distance d'un point intérieur ou *centre*.

Toute droite menée du centre à la circonférence est un *rayon*, et deux rayons en ligne droite forment un *diamètre*. D'après la définition, tous les rayons sont égaux entre eux, et par suite tous les diamètres.

Une portion quelconque de la circonférence est un *arc*. La droite qui joint les deux extrémités d'un arc est une *corde*; on dit de la corde qu'elle *sous-tend* son arc, et de l'arc, qu'il est *sous-tendu* par la corde.

La portion du cercle comprise entre un arc et sa corde est ce qu'on nomme un *segment*. Quant au *secteur*, c'est la portion du cercle comprise entre un arc et les deux rayons menés aux extrémités de cet arc.

On a vu que les côtés d'un angle peuvent être prolongés à l'infini.

sans changer la *valeur* de l'angle. Ce n'est donc point par la grandeur de ses côtés, ni par l'espace indéfini qu'ils comprennent, que l'on pourrait mesurer un angle. On y arrive à l'aide des arcs compris entre les côtés de l'angle et tracés de son sommet comme centre.

On divise toute circonférence de cercle en 360 parties égales ou *degrés*, chaque degré en 60 parties égales ou *minutes*, et chaque minute en 60 parties égales ou *secondes*.

Donc si, dans un même cercle, on mène des rayons à chacun des points de division, soit des degrés, soit des minutes, soit des secondes, soit des fractions de seconde, ces rayons formeront entre eux des angles égaux, puisqu'ils pourront se superposer exactement : cela signifie qu'à des arcs égaux correspondent des angles égaux, et *vice versa*, en sorte que les arcs croissant proportionnellement aux angles, ceux-ci peuvent être *mesurés* par les arcs décrits de leurs sommets comme centre et avec des rayons égaux.

XI.

CAS D'ÉGALITÉ DES TRIANGLES.

On nomme *triangle* l'espace plan ABC (fig. 1) compris entre trois droites qui se rencontrent deux à deux. Un triangle a toujours trois angles A, B, C, et trois côtés, AB, AC, BC.

Étant donnés un angle D (fig. 1) *et les deux côtés* M *et* N *de cet angle, on ne peut construire qu'un triangle.* Car après avoir placé l'angle D en A,

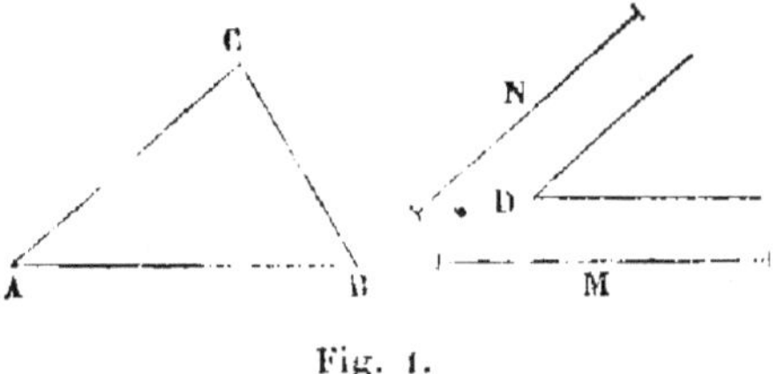

Fig. 1.

et avoir pris AB=M et AC=N, il ne reste plus qu'à joindre les points B et C par une droite, ce qui ne peut se faire que d'une seule manière. Donc les triangles qui ont un angle égal, compris entre deux côtés égaux chacun à chacun, sont nécessairement égaux entre eux.

Étant donnés un côté M (fig. 2) *et les deux angles adjacents* D *et* E, *on ne peut former qu'un triangle.* Car après avoir pris AB=M, et formé en A et B les angles D et E, il suffit de prolonger les côtés **AB**, **BC** jusqu'à leur rencontre en **C**, rencontre qui est unique, puisque deux droites ne peuvent avoir deux points communs sans se confondre. Donc les triangles qui ont un côté égal, adjacent à deux angles égaux chacun à chacun, sont égaux entre eux.

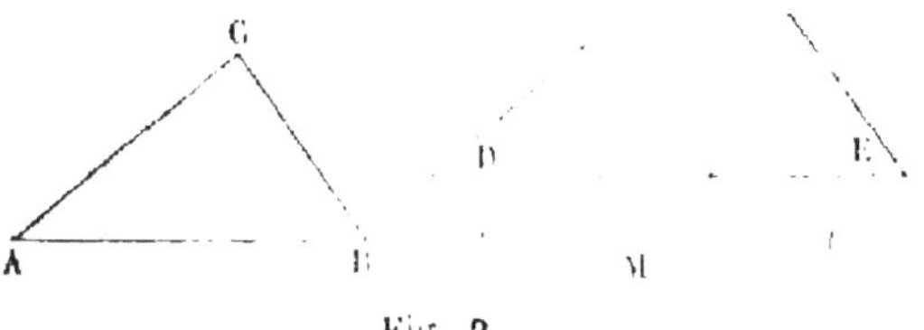

Fig. 2.

De ce que la ligne droite est le plus court chemin d'un point à un autre, il suit que *l'un des côtés d'un triangle est plus petit que la somme des deux autres.*

Il suit encore de là que *la somme des droites* **AD**, **BD** (fig. 3), *est moindre que la somme des droites* **AC**, **BC**, *qui, partant des mêmes points* **A** *et* **B**, *enveloppent les premières.* En effet, ayant mené **EF** par le point **D**, on voit que le contour **ADB** est moindre que le contour **AEFB**, et à plus forte raison moindre que le contour **ACB**.

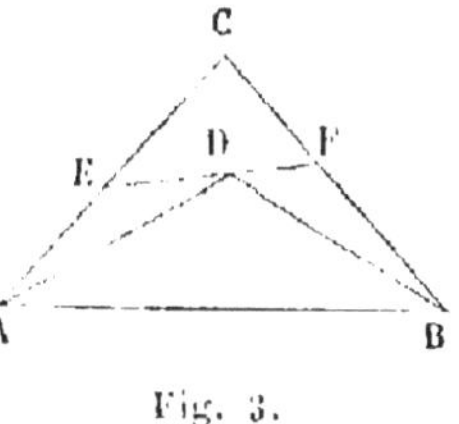

Fig. 3.

A mesure que l'angle **ABC** (fig. 4) *augmente*, *les côtés* **AB**, **BC** *restant invariables, le côté* **AC** *va en augmentant.* En effet, soit **BC'** une autre position de **BC**. D'après ce qui vient d'être dit, le contour **AC'B** sera plus grand que le contour **ACB**, et par conséquent **AC'** plus grand que **AC**, puisque **BC** et **BC'** sont égaux.

Soit **BC″** une autre position de **BC**. Dans ce cas il est évident que **AC″** est plus grand que **AC**.

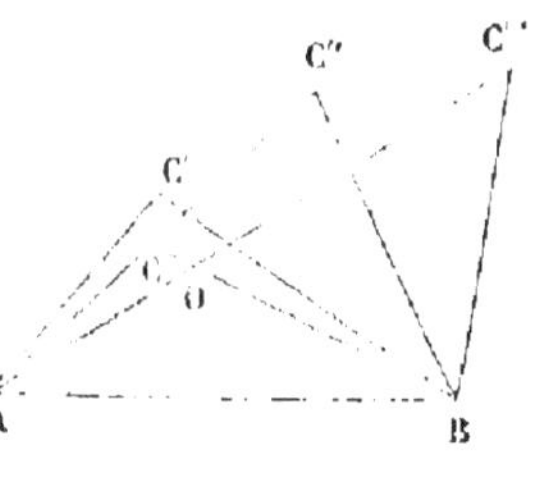

Fig. 4.

Soit **BC‴** une nouvelle position de **BC**. On aura **AO** + **OC** plus grand que **AC**, et **BO** + **OC‴** plus grand que **BC‴**, d'où, en ajoutant, **AO** + **OC** + **BO** + **OC‴** plus grand que **AC** + **BC‴**, ou en simplifiant **AC‴** + **BC** plus grand que **AC** + **BC‴**, et enfin **AC‴** plus grand que **AC**, puisque **BC** et **BC‴** sont égaux.

Donc dans tous les cas possibles, le côté opposé à l'angle dont les deux côtés sont invariables, grandit avec cet angle.

Ceci met en état de démontrer *l'égalité de deux triangles* **ABC**, **A'B'C'** (fig. 5), *dont les trois côtés sont égaux chacun à chacun.* En effet l'angle **A**, par exemple, doit être égal à l'angle **A'** qui lui correspond ; car si le premier était plus grand ou plus petit que le second, le côté opposé BC serait plus grand ou plus petit que le côté opposé B'C'. On retombe alors sur les cas précédemment examinés de l'égalité des triangles.

Fig. 5.

Si deux côtés AC, BC *(fig. 6) d'un triangle sont égaux, auquel cas le triangle est dit isoscèle, les angles* A *et* B, *qui leur sont opposés, seront aussi égaux entre eux.* Car si l'on joint C avec le milieu D de AB, les triangles ACD, BCD seront égaux comme ayant les trois côtés égaux chacun à chacun ; et, par suite, les angles A et B seront égaux. On démontre aisément la réciproque ; car si les angles A et B étant égaux, il fallait réduire le côté

Fig. 6.

AC à AC' pour le rendre égal à BC, comme alors l'angle ABC' serait égal à l'angle A, il s'ensuivrait que les angles ABC et ABC' seraient égaux, ce qui est absurde.

Si le côté BC *(fig. 7) est plus grand que le côté* AC, *l'angle* A, *opposé au premier, sera plus grand que l'angle* B *opposé au second.* En effet, l'angle A ne peut être ni égal à B, auquel cas les côtés opposés seraient égaux, ni plus petit que B, auquel cas le côté BC serait moindre que AC ; donc il est plus grand. La réciproque est également vraie, et si A est plus grand que B, le côté BC sera plus grand

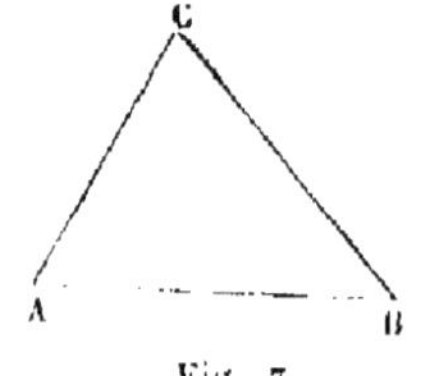

Fig. 7.

que AC, vu qu'il ne pourrait être ni égal, ni plus petit, puisque l'angle A serait alors ou égal à B, ou plus petit.

XII.

PROPRIÉTÉS FONDAMENTALES DES PERPENDICULAIRES ET DES OBLIQUES.

Les angles ACD, BCD (fig. 8) formés par la droite CD du même côté d'une autre droite AB, sont dits *angles adjacents*. Le plus grand des deux est un *angle obtus*, et le plus petit un *angle aigu*. Lorsqu'ils sont égaux, ce sont des *angles droits*, et CD est dite *perpendiculaire* à AB.

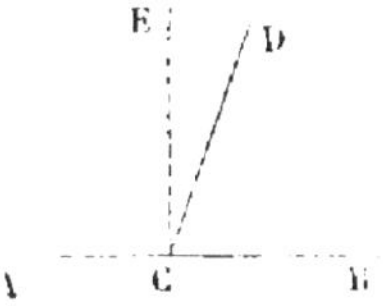

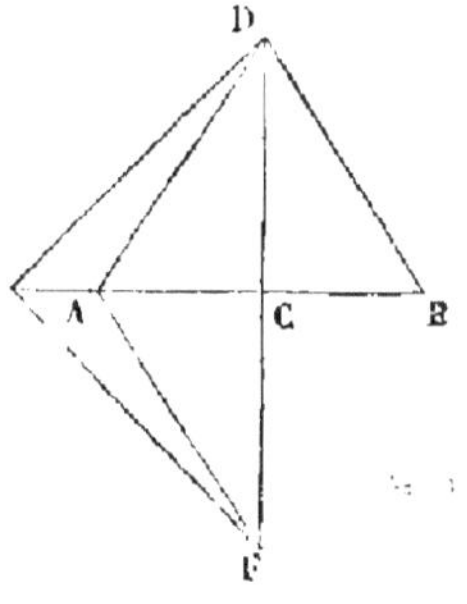

Les deux angles adjacents ACD, BCD *valent ensemble deux angles droits;* ce que l'on voit en élevant CE perpendiculairement sur AB.

Donc tous les angles formés autour du point C et du même côté de AB valent ensemble deux angles droits; et quatre angles droits, si ces angles sont formés de part et d'autre de AB.

Les angles A et C (fig. 9) *formés par l'entre-croisement de deux droites, et opposés au sommet, sont égaux entre eux*, puisqu'il faut ajouter à chacun le même angle B pour valoir deux angles droits.

D'un point C (fig. 10) *pris sur la droite* AB, *on ne peut élever qu'une perpendiculaire* CD *à cette droite;* car il n'y a qu'une manière de rendre les angles ACD et BCD égaux entre eux.

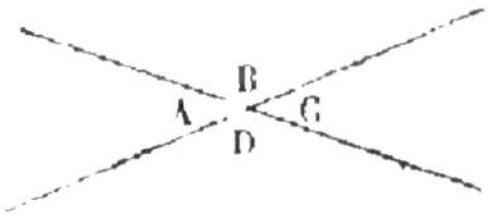

Fig. 9. 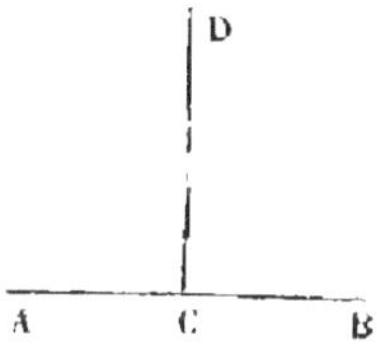   Fig. 10.

Si d'un même point D (fig. 11) *de la perpendiculaire* CD *sur* AB, *on mène deux obliques* AD, BD *à deux points* A *et* B *de* AB, *équidistants du pied* C *de la perpendiculaire, ces obliques seront égales entre elles;* et cela à cause de l'égalité des triangles ACD, BCD.

L'oblique DE, qui s'écarte plus de la perpendiculaire que DA, est plus grande que celle-ci. Car pliant la figure suivant AB, DCF serait en ligne droite, puis AD = AF, ED = EF; et comme le chemin DEF est

Fig. 11.

plus grand que DAE, la moitié DE du premier serait plus grande que la moitié DA du second.

La perpendiculaire CD, élevée sur le milieu de AB, passe donc par tous les points, tels que D, également distants des extrémités A et B; tout autre point placé en dehors de la perpendiculaire étant inégalement éloigné de A et de B.

XIII.

PROPRIÉTÉS FONDAMENTALES DES PARALLÈLES ET THÉORÈME SUR LA SOMME DES ANGLES D'UN TRIANGLE.

Deux droites sont dites *parallèles* lorsque, étant situées dans le même plan, elles ne peuvent se rencontrer, à quelque distance qu'on les prolonge.

Ainsi *deux droites* AB, CD (fig. 42), *perpendiculaires à la même droite* AC, *sont parallèles entre elles ;* car si elles se rencontraient, de leur point d'intersection on pourrait abaisser deux perpendiculaires sur la même droite, ce qui est impossible.

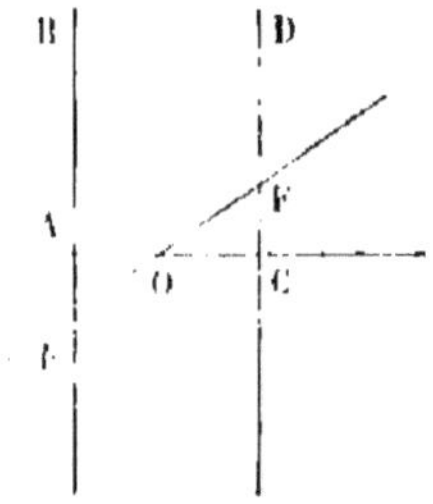

Fig. 42.

1° Si par le point O, milieu de AC, on mène une droite EF, oblique aux parallèles AB, CD, et dite *sécante*, on formera les triangles AOE, COF égaux entre eux, puisqu'ils ont un côté égal, savoir AO = CO, adjacent à deux angles égaux chacun à chacun, savoir angle AOE = COF comme opposés par le sommet, et angle OAE = OCF comme droits; donc *les angles* AEO *et* CFO, *que l'on nomme alternes-internes, sont égaux entre eux.*

2° De ce que les angles alternes-internes, comme *b* et *h* (fig. 43), sont égaux entre eux, il s'ensuit que *les angles correspondants,* comme b et f, *sont aussi égaux entre eux,* puisqu'au lieu de *h*, on peut prendre son opposé par le sommet *f*.

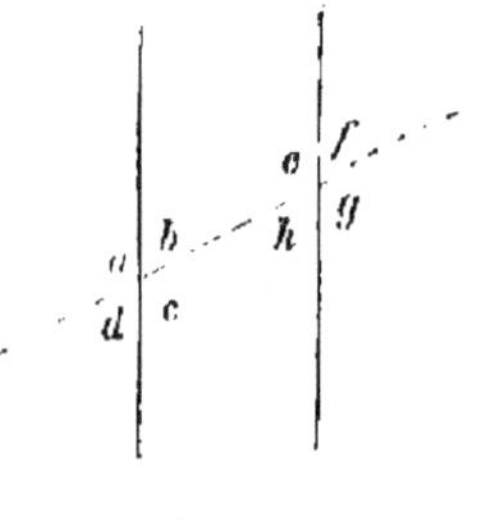

Fig. 43.

3° Il suit encore de là que *les angles alternes-externes, comme* d et *f*, *sont égaux entre eux*, puisqu'ils sont les opposés par le sommet des angles alternes-internes *b* et *h*.

4° Puis on trouve que *les angles internes du même côté de la sécante, tels que* b *et* c, *valent ensemble deux angles droits*, puisque *a* et *b* formant deux droits comme adjacents, on peut remplacer *a* par l'angle correspondant *e* .

5° Enfin , *les angles externes du même côté de la sécante, tels que* a *et* f, *valent deux droits*; puisque *a* et *b* formant deux droits comme adjacents, on peut remplacer *b* par l'angle correspondant *f*.

Telles sont les cinq propositions principales de la théorie des parallèles. Il est aisé de voir que l'une quelconque d'entre elles entraîne nécessairement les quatre autres. Et réciproquement, si ces propositions ont lieu, les droites coupées par la sécante sont parallèles entre elles; car si l'on prend le point O (fig. 12) pour le milieu de EF, et qu'on abaisse de ce point OA perpendiculairement sur AB, son prolongement OC sera perpendiculaire sur CD. En effet, les triangles OAE, OCF seront égaux comme ayant le côté OE égal à OF par construction, et adjacent à deux angles égaux chacun à chacun, savoir, angle AOE = COF comme opposés par le sommet, et OEA = OFC par hypothèse.

Comme conséquence de ce qui précède, *deux angles* A *et* B (fig. 14) *qui ont les côtés parallèles chacun à chacun et dirigés dans le même sens, sont égaux entre eux*; car A et B auront le même angle C pour correspondant.

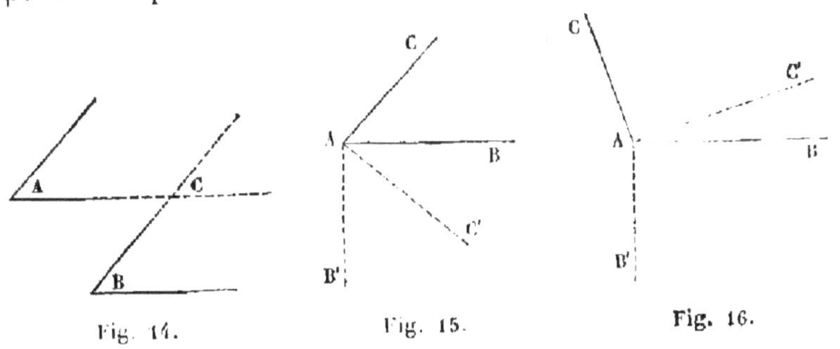

Fig. 14. Fig. 15. Fig. 16.

Si AB′ (fig. 15) *est perpendiculaire à* AB, *et* AC′ *à* AC, *l'angle* B′AC′ *sera égal à l'angle* BAC, puisqu'il faudrait ajouter à chacun le même angle BAC′ ou bien retrancher le même angle BAC′ (fig. 16) pour faire un angle droit. On peut ensuite déplacer l'un des angles, en conservant le parallélisme de ses côtés, sans altérer l'égalité des deux angles.

Les portions AB, CD (fig. 17) *de deux parallèles, comprises entre deux autres parallèles* AC, BD, *sont égales* ; car menant BC, les triangles ABC, BCD sont égaux comme ayant BC commun, adjacent à des angles alternes-internes. Donc AB = CD, et pareillement AC = DB. Si les deux systèmes de parallèles étaient perpendiculaires l'un à l'autre, les portions des premières comprises

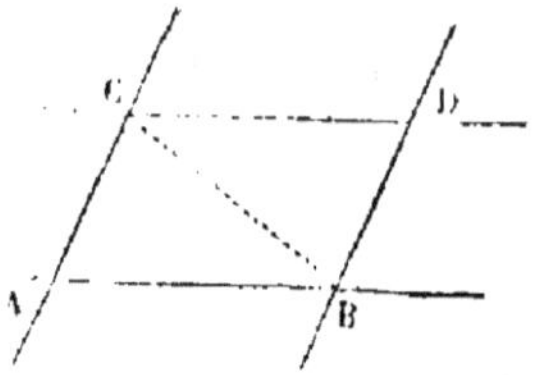

Fig. 17.

entre les secondes exprimeraient l'écartement de celles-ci, écartement qui serait le même partout.

Les trois angles de tout triangle ABC (fig. 18) *valent ensemble deux angles droits.* Pour le prouver, par le sommet de l'un des angles C, menons DE parallèle au côté opposé ; on aura les trois angles des triangles rangés autour de C et du même côté de DE ; car les angles ACD et BAC sont égaux comme alternes-internes, de même que les angles BCE et ABC. Donc, etc.

Tout polygone ou figure plane, terminé par des lignes droites, peut être partagé en autant de triangles qu'il a de côtés, moins deux, par des droites dites diagonales menées d'un de ses angles à tous les autres. Car les deux triangles extrêmes ABC, AFE (fig. 19) contiennent cha-

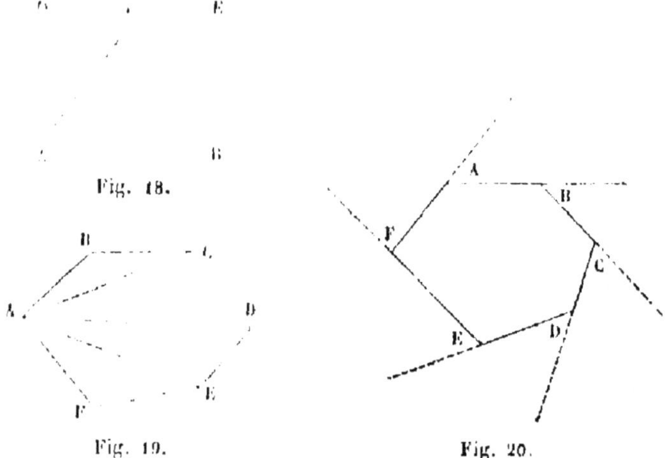

Fig. 18.

Fig. 19.

Fig. 20.

cun deux des côtés du polygone, tandis que les autres triangles n'en contiennent qu'un.

Or, si l'on fait attention que les angles du polygone font la même somme que ceux des triangles dans lesquels on l'a décomposé, on tirera cette conséquence que la somme des angles du polygone est égale à autant de fois deux angles droits qu'il a de côtés moins deux.

Si l'on prolonge dans un sens uniforme tous les côtés d'un polygone ABCDEF (fig. 20), la somme des angles, tant intérieurs qu'extérieurs, vaudra autant de fois deux angles droits qu'il y a de côtés, puisqu'un angle intérieur est toujours adjacent à un angle extérieur. *La somme des angles extérieurs vaudra donc quatre angles droits.*

XIV.

PROPRIÉTÉS DES PARALLÉLOGRAMMES.

On nomme *quadrilatère* tout polygone de quatre côtés. Il se nomme *parallélogramme*, si les côtés sont parallèles deux à deux ; *losange*, si en outre les quatre côtés sont égaux ; *rectangle*, si les angles sont droits ; *carré*, si les angles sont droits et les côtés égaux ; enfin, *trapèze* si deux côtés seulement sont parallèles.

On a vu que les parallèles entre parallèles sont égales ; en sorte que les côtés opposés d'un parallélogramme sont égaux entre eux ; et, de plus, que chacune des deux diagonales qu'on y peut mener coupe la figure en deux parties égales.

Maintenant on démontre que les *deux diagonales* AC, BD (fig. 21) *se coupent mutuellement, chacune en deux parties égales*, par la considération de l'égalité des triangles AOD et BOC, AOB et COD, égalité résultant d'un côté égal adjacent à des angles alternes-internes chacun à chacun.

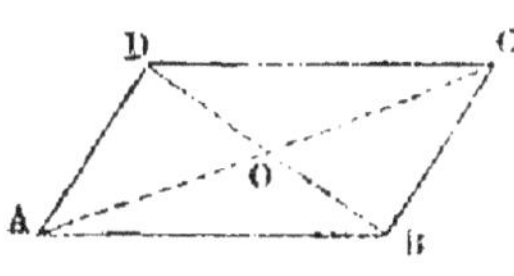

Fig. 21.

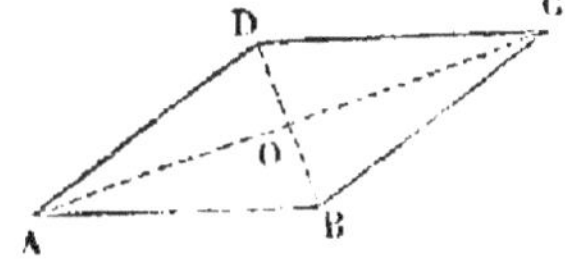

Fig. 22.

Dans le cas particulier du losange ABCD (fig. 22), les diagonales AC, BD se coupent de plus à angles droits. Car alors les quatre triangles cités tout à l'heure sont égaux entre eux, ce qui emporte l'égalité des quatre angles formés autour du point O.

XV.

PROPRIÉTÉS PRINCIPALES DES CORDES, DES SÉCANTES ET DES TANGENTES.

Tout diamètre partage la circonférence et le cercle en parties égales. Car pliant le cercle suivant ce diamètre, si quelques points d'une des portions de circonférence ne tombaient pas sur l'autre portion de la circonférence, on en conclurait une inégalité dans la distance de ces points au centre du cercle.

Un diamètre AB (fig. 23) *est nécessairement plus grand que toute corde telle que* AC *qui ne passe pas par le centre.* En effet, joignons OC, et nous aurons AC plus petit que les deux autres côtés AO et OC du triangle AOC, c'est-à-dire plus petit que AO plus OB, ou que **AB**.

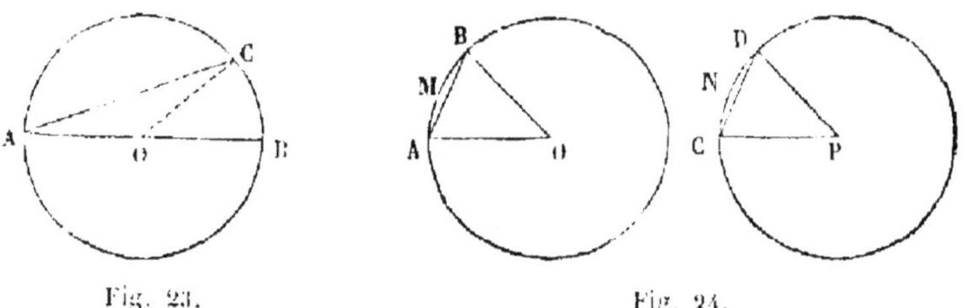

Fig. 23.　　　　　　　　　　Fig. 24.

Dans le même cercle ou dans des cercles égaux, des arcs égaux AMB *et* CND (fig. 24) *sont sous-tendus par des cordes égales, et réciproquement.* Pour le prouver il suffit de transporter l'arc CD sur son égal AB, puisque alors les cordes ou droites AB et CD, ayant mêmes extrémités, seront nécessairement égales. Pour démontrer la réciproque, on forme les triangles AOB, CPD, qui seront égaux comme ayant les trois côtés égaux, savoir, une corde égale et deux rayons égaux. Donc en transportant l'un des cercles sur l'autre, et mettant CP sur AO, les triangles en question coïncideront, de même que les arcs AMB et CND.

Il est ensuite aisé de démontrer que le plus grand arc est sous-tendu par la plus grande corde, et réciproquement

Le rayon OD (fig. 25), *mené perpendiculairement sur la corde* AB, *passe par le milieu* C *de cette corde, et par le milieu* D *de l'arc* ADB *sous-tendu.* En effet, les rayons OA, OB étant des obliques égales, doivent s'écarter également du pied C de la perpendiculaire, laquelle doit passer par tous les autres points, tels que D, également éloignés de A et de B. Donc les cordes AD et BD sont égales, et par suite les arcs sous-tendus par ces cordes. Il suit de là que le centre du cercle, le milieu de la corde et le milieu de l'arc sont en ligne droite.

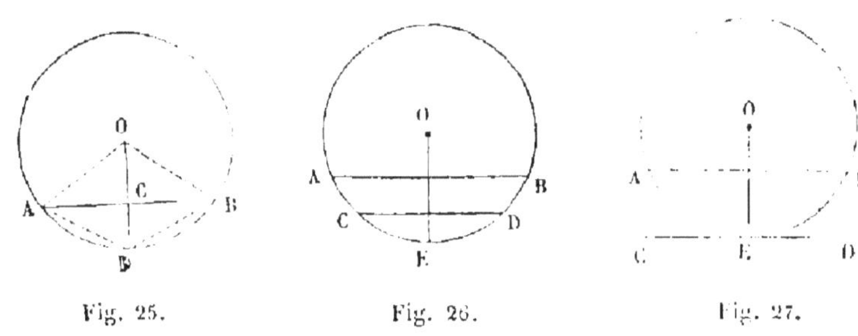

Fig. 25.   Fig. 26.   Fig. 27.

Deux cordes AB, CD (fig. 26) *parallèles interceptent des arcs égaux* AC, BD. Pour le démontrer, on mène le rayon OE perpendiculaire à l'une des cordes, qui le sera également sur l'autre. Donc arc AE = arc BE, arc CE = arc DE; donc les différences sont égales, savoir, arc AC = arc BD.

Si la corde CD s'éloignait du centre du cercle jusqu'à ce que les points C et D vinssent à se confondre en E (fig. 27), la corde n'ayant plus qu'un point de commun avec la circonférence, serait une *tangente* au cercle, et le point E serait le point de *tangence* ou de *contact*, tout en restant le milieu de l'arc AEB.

Quand une droite coupe la circonférence en deux points, ou, ce qui revient au même, quand on prolonge de part et d'autre une corde, on a ce qu'on appelle une *sécante*.

On verra d'autres propriétés des cordes, des tangentes et des sécantes au numéro XVIII.

XVI.

MESURES DES ANGLES QUE CES LIGNES FONT ENTRE ELLES, AU MOYEN DES ARCS DE CERCLE QU'ELLES INTERCEPTENT.

Si l'angle ABC (fig. 28) *avait son sommet* B *à la circonférence* il aurait pour mesure *la moitié seulement de l'arc* AC *compris entre ses côtés.* On le voit en menant les diamètres EF et DG parallèles à BC et AB; car alors on a arc AD = arc BG arc CE = arc BF; en sorte que arc FG = arc AD + arc CE, et comme arc FG = arc DE, il s'ensuit que l'arc DE, mesure de l'angle DOE ou ABC, est moitié de l'arc AC.

Il suit de là que tout angle ABC (fig. 29) *inscrit* dans un demi-cercle (auquel cas les points A et C sont les extrémités d'un diamètre) est un angle droit, puisqu'il a pour mesure la moitié de la demi-circonférence ADC.

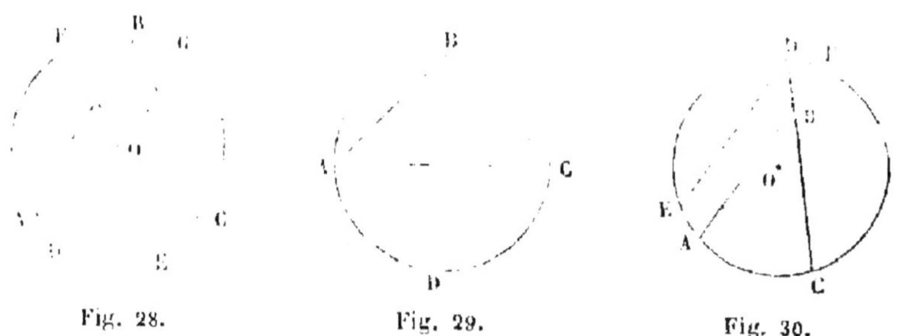

Fig. 28.   Fig. 29.   Fig. 30.

Si l'angle ABC *(fig. 30) avait son sommet entre la circonférence et le centre, il aurait pour mesure l'arc* AC *compris entre ses côtés, plus l'arc* DF *compris entre les côtés de son opposé par le sommet.* Car menant DE parallèle à AF, l'angle CDE sera l'égal de ABC, et aura pour mesure la moitié de l'arc CE, c'est-à-dire la moitié de CA plus la moitié de AE ou de DF.

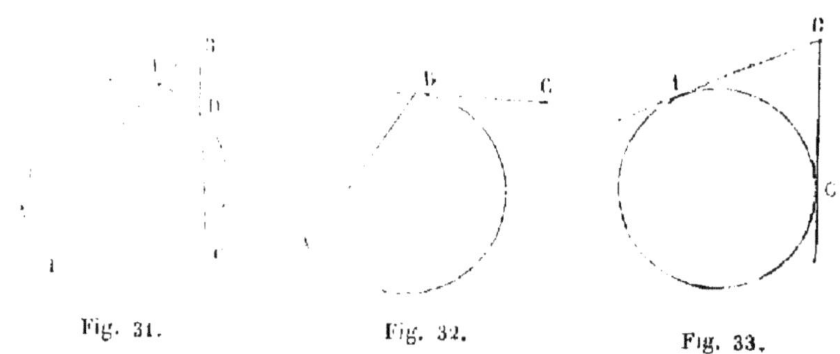

Fig. 31.   Fig. 32.   Fig. 33.

Enfin, si l'angle ABC *(fig. 31) avait son sommet en dehors du cercle, sa mesure serait la moitié de l'arc* AC *moins la moitié de l'arc* DE. Menons DF parallèle à AB : l'angle CDF, ou son égal ABC, aura pour mesure la moitié de CF, c'est-à-dire la moitié de AC, moins la moitié de AF ou de DE.

La première et la dernière de ces trois propositions sont encore
vraies quand l'un des côtés BC (fig. 32) et quand tous deux (fig. 33)
deviennent tangents au cercle.

———————————————

XVII.

LIGNES PROPORTIONNELLES.

Deux figures *égales* sont celles qui peuvent être superposées, et qui
par conséquent ont même forme et même étendue. Deux figures qui,
ayant la même étendue, n'ont pas la même forme et ne peuvent être
superposées, sont dites figures *équivalentes*.

Deux figures sont *semblables* lorsque tous leurs angles sont égaux
chacun à chacun, et leurs côtés *homologues* proportionnels. Les côtés
homologues sont adjacents à deux angles égaux dans chacune des
figures. La proportionnalité des côtés consiste en ce que si deux côtés
homologues sont dans un certain rapport, comme de 3 à 5, tous
les autres côtés homologues sont dans le même rapport.

La droite DE (fig. 34), *menée parallèlement à la base d'un triangle,*
divise les deux autres côtés AB *et* BC *en parties proportionnelles,*
de manière que l'on a la proportion BD : AD :: BE : CE. Supposons
que BD et AD contiennent, l'une 5
et l'autre 3 parties égales BF, FG,
GH, etc.; par les points de division, menons les parallèles FI, GK, HL, etc.
à la base du triangle; et par leurs points
de rencontre avec le côté BC, les parallèles IM, KN, etc. au premier côté
AB; on aura IM, KN, etc. égaux à
FG, GH, etc. comme parallèles entre
parallèles; et puisque ces dernières parties sont égales entre elles, les premières seront aussi égales entre elles. De
plus, les angles FBI, MIK, NKL, etc.

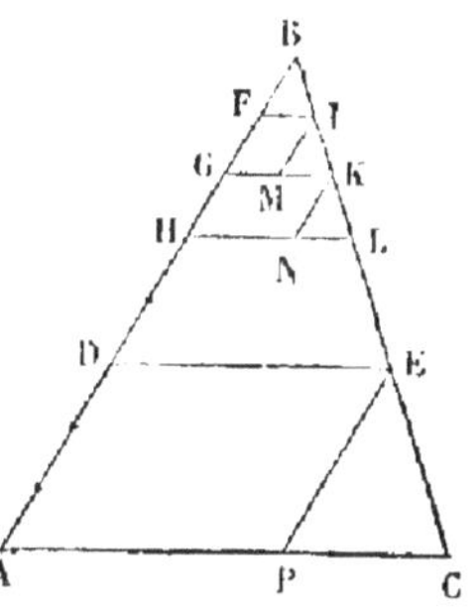
Fig. 34.

sont égaux comme correspondants; et les angles BFI, IMK, KNL, etc.
sont égaux, comme ayant les côtés parallèles et dirigés dans le
même sens. Par conséquent, les triangles BFI, IMK, KNL, etc.
sont égaux entre eux; ce qui entraîne l'égalité des parties BI, IK,

KL, etc. Donc BE et CE se trouvent divisées, l'une en 5 et l'autre en 3 parties égales, comme BD et AD; en sorte que la proportion énoncée ci-dessus se trouve établie. On a aussi les proportions

$$BA : BD :: BC : BE \quad \text{et} \quad AB : AD :: BC : CE.$$

Si, après avoir mené DE (fig. 35) parallèle à AC, on mène EP parallèle à AB, on aura les deux proportions

$$AB : BD :: BC : BE \quad \text{et} \quad AC : AP :: BC : BE,$$

lesquelles, ayant un rapport commun, donneront les trois rapports égaux

$$AB : BD :: BC : BE :: AC : AP \text{ ou } DE,$$

ce qui signifie que les trois côtés des triangles ABC, DBE sont proportionnels.

XVIII.

CONDITIONS DE SIMILITUDE DES TRIANGLES ET DES POLYGONES QUELCONQUES.

Nous avons vu que la similitude des figures exige l'égalité des angles et la proportionnalité des côtés. Pour les triangles en particulier il y a similitude dans les trois cas suivants :

1° *Quand les triangles* ABC, DEF (fig. 34) *ont les côtés proportionnels*, savoir

AB : DE :: BC : EF :: AC : DF. Prenons BG = DE, et menons GH parallèle à AC. Dès lors les triangles ABC et BGH seront semblables, comme ayant les angles égaux et les côtés proportionnels. Il ne reste plus qu'à prouver l'égalité des triangles DEF et BGH; à cet effet on a

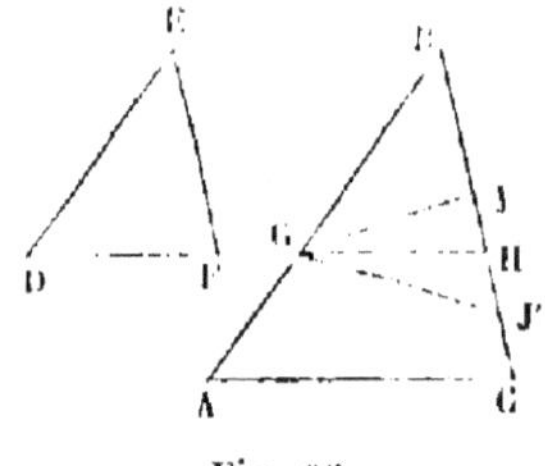

Fig. 35.

$$AB : BG :: BC : BH \quad \text{et} \quad AB : DE :: BC : EF,$$

d'où, à cause de l'égalité des trois premiers termes de ces deux proportions, BH = EF. On démontrerait de même que GH = DF; donc les triangles BGH, DEF sont égaux, comme ayant les trois côtés égaux chacun à chacun : donc le second, comme le premier, est semblable à ABC.

2° *Quand les triangles ont les trois angles égaux chacun à chacun, et aussi quand ils ont deux angles égaux*, puisque alors le troisième angle est le même. Prenons BG = DE, BH = EF, et tirons GH. Les triangles BGH et DEF seront égaux, comme ayant un angle égal en B et E, compris entre deux côtés égaux. Mais l'angle EDF ou BGH étant égal à l'angle BAC par hypothèse, GH sera parallèle à AC, et dès lors il y aura proportionnalité entre les côtés des triangles, et similitude de ces triangles.

3° *Quand les triangles ont un angle égal* (B = E), *compris entre deux côtés proportionnels* (AB : DE :: BC : EF). On prendra de nouveau BG = DE, BH = EF, et l'on tirera GH. Les triangles BGH et DEF seront égaux, et GH sera parallèle à AC. Car si GH n'était pas parallèle à AC, mais bien une droite telle que GJ ou GJ', on aurait les deux proportions

$$ AB : BG :: BC : BH \quad \text{et} \quad AB : BG :: BC : BJ \text{ ou } BJ', $$

dans lesquelles les trois premiers termes sont les mêmes; ce qui donnerait BH = BJ ou BJ', résultat absurde. Cela démontré, il résulte que le triangle BGD ou DEF est semblable au triangle ABC.

Les parties de deux cordes AB, CD (fig. 36) *qui se coupent dans un même cercle sont réciproquement proportionnelles*, en sorte que l'on a AO : CO :: DO : BO. Joignons BC, AD; les triangles BOC, AOD seront semblables, comme ayant les trois angles égaux chacun à chacun. En effet, angle BOC = AOD, comme opposés par le sommet; angle ABC = ADC, comme ayant chacun pour mesure la moitié du même arc AC; angle BCD = BAD, par la même raison. Alors les côtés qui forment la proportion ci-dessus sont opposés à des angles égaux et sont proportionnels.

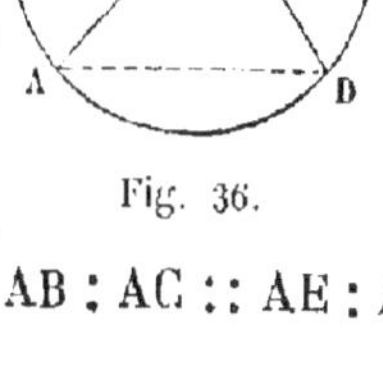

Deux sécantes AB, AC (fig. 37) *qui, partant d'un même point* A, *aboutissent à la partie concave d'un même cercle sont réciproquement proportionnelles à leurs parties extérieures*, en sorte qu'on a AB : AC :: AE : AD. Joignons BE, CD,

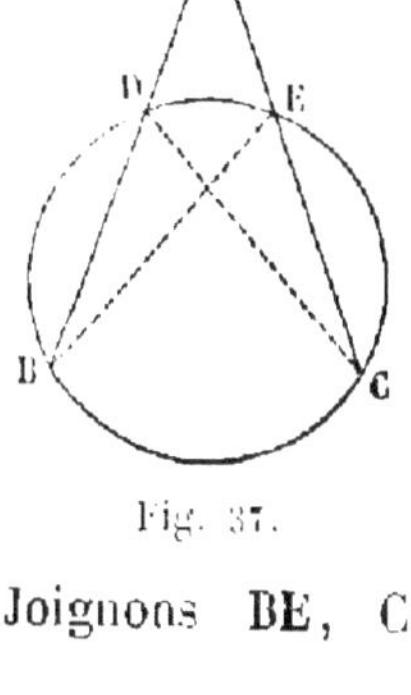

Fig. 36.

Fig. 37.

les triangles ABE, ACD sont semblables, comme ayant l'angle A commun, l'angle B égal à l'angle C, lesquels ont chacun pour mesure la moitié du même arc DE. Alors les côtés qui forment la proportion ci-dessus sont opposés à des angles égaux et sont en proportion.

Si les deux points C et E se rapprochaient indéfiniment l'un de l'autre, de manière à se confondre en C (fig. 38), la sécante AC deviendrait tangente et se confondrait avec sa partie extérieure; en sorte que la proportion précédente aurait encore lieu, et prendrait la forme AB : AC :: AC : AD, c'est-à-dire que la tangente serait moyenne proportionnelle entre la sécante entière et sa partie extérieure.

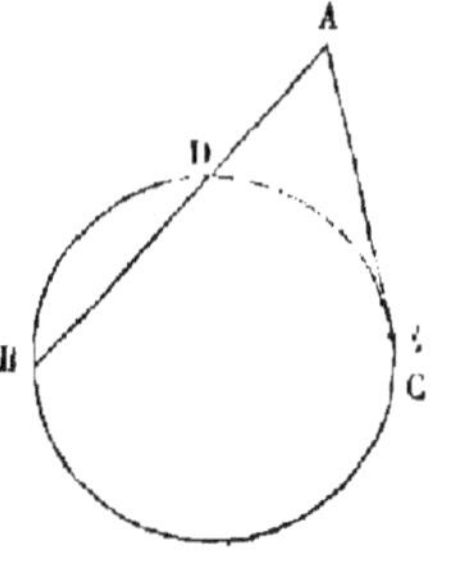

Fig. 38.

XIX.

DÉCOMPOSITION D'UN TRIANGLE RECTANGLE EN DEUX TRIANGLES SEMBLABLES AU TRIANGLE DONNÉ, ET RELATIONS NUMÉRIQUES QUI EN RÉSULTENT.

On a vu que les trois angles d'un triangle valent deux angles droits, en sorte qu'un triangle ne peut avoir plus d'un angle droit, auquel cas on le nomme *triangle rectangle*. Le côté opposé à l'angle droit, et qui est le plus grand des trois, est ce qu'on appelle *l'hypoténuse*. Ainsi dans le triangle ABC (fig. 39), rectangle en C, le côté AB est l'hypoténuse. Si du sommet C de l'angle droit, on abaisse sur AB la perpendiculaire

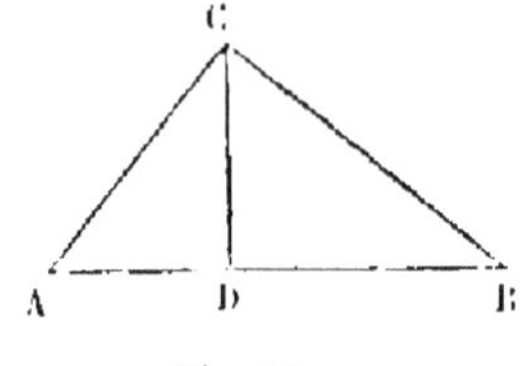

Fig. 39.

CD, le triangle ABC se trouve partagé en deux triangles ACD, BCD, rectangles en D, semblables entre eux et au triangle total ABC. En effet, l'angle A étant commun aux triangles ABC et ACD, il s'ensuit que ces triangles, ayant deux angles égaux chacun à chacun, ont aussi le troisième angle égal, et sont par conséquent semblables. Par la même raison, les triangles ABC et BCD sont semblables, puisqu'ils ont l'angle B commun. Donc les triangles ACD, BCD, semblables au même triangle ABC, sont semblables entre eux.

La similitude des triangles ACD et ABC, d'une part ; et d'autre part la similitude des triangles BCD et ABC donnent les proportions suivantes

$$AD : AC :: AC : AB,$$
$$BD : BC :: BC : AB,$$

c'est-à-dire que chaque côté de l'angle droit du triangle ABC est moyen proportionnel entre l'hypoténuse entière et sa portion adjacente.

Ensuite la similitude des triangles ACD, BCD, donne

$$AD : CD :: CD : BD,$$

c'est-à-dire que la perpendiculaire CD est moyenne proportionnelle entre les deux portions de l'hypoténuse AB.

XX.

En un point C *de la droite* AB (fig. 40) *élever une perpendiculaire sur cette droite.* On prendra de part et d'autre de C deux points équidistants A et B ; puis de ceux-ci comme centres on décrira d'un même rayon deux arcs de cercle qui puissent se couper en D. La droite CD, menée par l'intersection D et par le point C donné, sera la perpendiculaire, puisque les obliques AD, BD seront égales et également éloignées du point C.

D'un point C (fig. 41) *extérieur à la droite* AB,

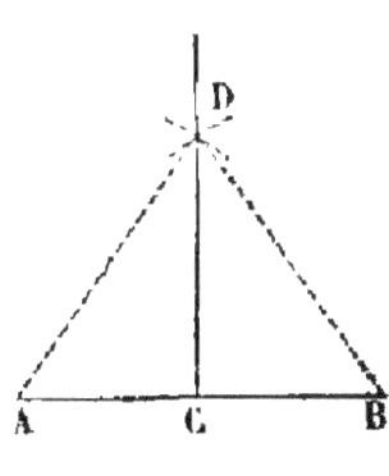

Fig. 40.

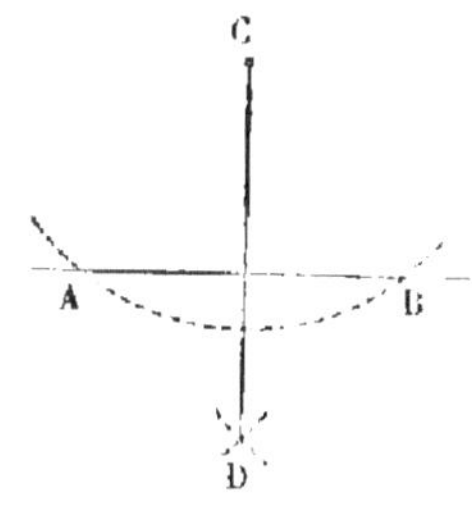

Fig. 41.

abaisser une perpendiculaire sur cette droite. A cet effet, du point C comme centre, et avec un rayon suffisamment grand, on décrira un arc de cercle qui vienne couper AB en deux points A et B, desquels on décrira, d'un même rayon, deux arcs se coupant en D : la droite CD sera la perpendiculaire demandée.

S'il s'agissait de mener une perpendiculaire sur le milieu d'une droite AB (fig. 42) *donnée de longueur*, des extrémités A et B, et avec le même rayon, on décrirait des arcs se coupant en C et D : la droite CD serait la perpendiculaire.

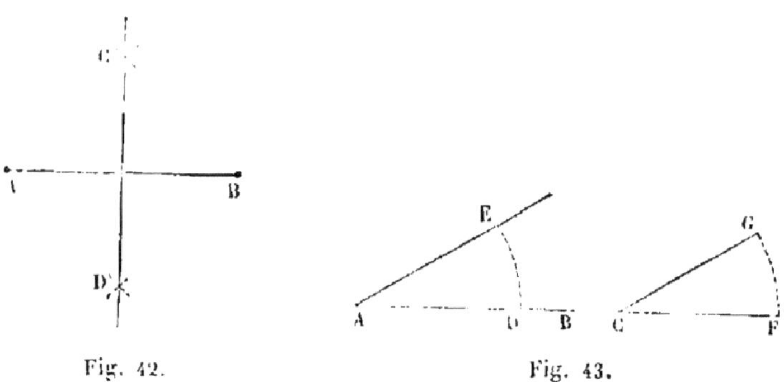

Fig. 42.   Fig. 43.

Au point A *de la droite* AB (fig. 43), *faire un angle égal à* C. Des points A et C, on décrira deux arcs de même cercle DE et FG. On prendra l'arc ou la corde FG qu'on portera de D en E, puis, joignant AE, l'angle BAE sera égal à l'angle C.

Par le point C (fig. 44) *mener une parallèle à la droite* AB. Conduisons une sécante CA, et formons en C l'angle DCE égal à son correspondant BAC, et CD sera la parallèle à AB.

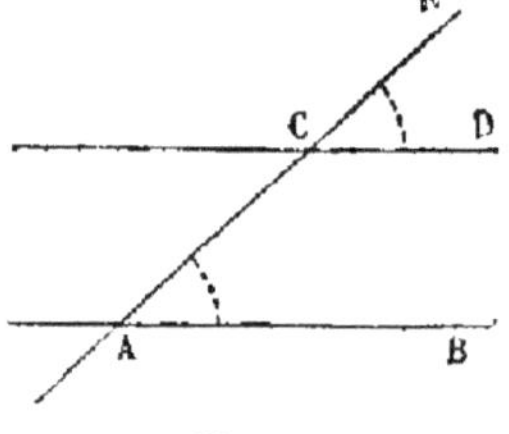

Fig. 44.

Étant donnés l'angle D (fig. 1) *et ses deux côtés* M *et* N, *décrire le triangle.* Formons l'angle A égal à D, prenons AB = M et AC = N, puis joignons BC.

Étant donnés le côté M (fig. 2) *et ses deux angles adjacents* D *et* E, *construire le triangle.* Prenons AB égale à M; faisons les angles A et B respectivement égaux à D et E, et prolongeons AC et BC jusqu'à leur rencontre en C.

Étant donnés les trois côtés M, N, P (fig. 5), *construire le triangle.* Des extrémités de AB égale à M, décrivons avec N et P pour rayons, des arcs qui se coupent en C, et joignons AC et BC.

XXI.

DIVISER UNE LIGNE DROITE ET UN ARC EN DEUX PARTIES ÉGALES.

Pour diviser une droite AB (fig. 42) *en deux parties égales*, des extrémités A et B de cette droite et avec une ouverture de compas arbitraire on décrira 4 arcs de cercle, qui puissent se couper. Par les deux points C et D d'intersection on mènera CD qui coupera AB en deux parties égales, puisqu'alors CD sera perpendiculaire sur le milieu de AB, comme il a été dit au numéro précédent.

Pour diviser en deux parties égales l'angle BAC (fig. 45) *ou l'arc* BC *qui le mesure*, il faut, des points B et C, décrire deux arcs de même cercle, qui se coupent en D, et AD sera la droite bissectrice cherchée.

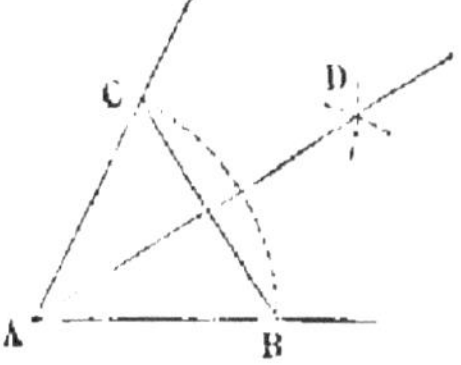
Fig. 45.

Mais si le centre A de l'arc BC n'était pas connu, on mènerait la corde CB, et l'on élèverait, comme tout à l'heure, une droite AD perpendiculaire sur le milieu de CD, perpendiculaire qui couperait aussi l'arc CD en deux parties égales et passerait par le centre A.

XXII.

DÉCRIRE UNE CIRCONFÉRENCE QUI PASSE PAR TROIS POINTS DONNÉS.

Soient A, B, C (fig. 46) les trois points donnés; on les joint deux à deux par les droites AB et BC, qui seront des cordes du cercle cherché. Sur les milieux de ces cordes, on élève des perpendiculaires DO, EO, dont chacune doit passer par le centre du cercle, lequel sera nécessairement à leur intersection O, comme il a été dit au n° XV. Ensuite il est facile de voir que OB étant égal à OA et à OC, les trois droites OA, OB, OC sont des rayons du cercle, qui

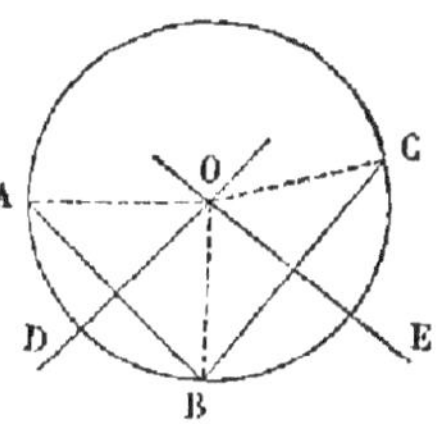
Fig. 46.

peut alors être décrit du point O comme centre et avec une ouverture de compas égale à l'une de ces trois droites ou rayons.

Il est clair que les trois points A, B, C ne peuvent être en ligne droite, puisque les deux lignes DO, EO seraient perpendiculaires sur une seule et même droite ABC, et ne pourraient plus se rencontrer, quelque prolongées qu'on les supposât.

XXIII.

D'UN POINT DONNÉ HORS D'UN CERCLE, MENER UNE TANGENTE A CE CERCLE.

Mener une tangente par le point A (fig. 47) de la circonférence. Pour cela, il suffit de prolonger le rayon CA d'une quantité égale AB, et d'élever la perpendiculaire DE sur le milieu de BC.

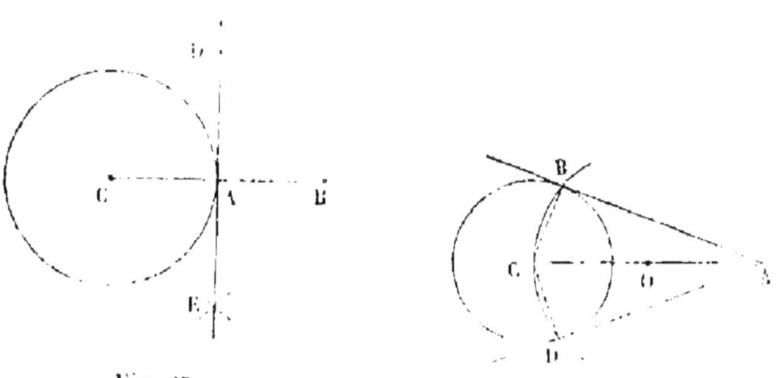

Fig. 47.

Fig. 48.

Par le point A (fig. 48) extérieur au cercle, mener une tangente à la circonférence. Joignons le point A au centre C, et du point O, milieu de AC comme centre, décrivons une circonférence qui coupera la première en B et D : les droites AB et AD seront deux tangentes, car les angles ABC et ADC sont droits comme étant inscrits chacun dans un demi-cercle, et par suite AB et AD sont perpendiculaires aux rayons CB et CD.

XXIV.

TROUVER UNE QUATRIÈME PROPORTIONNELLE A TROIS LIGNES DONNÉES ET UNE MOYENNE PROPORTIONNELLE ENTRE DEUX LIGNES DONNÉES.

Pour diviser une droite AB (fig. 49) *en parties égales*, il faut tirer une droite quelconque AC, sur laquelle on porte le même nombre de parties égales et arbitraires; joindre le dernier point de division C avec B; et par chacun des autres points mener des parallèles à BC, qui viendront couper AB en parties égales.

S'il s'agissait de *diviser une droite* AB (fig. 49) *en parties propor-tionnelles à des lignes données*, on porterait celles-ci, bout à bout, le long de AC, à partir du point A; puis on joindrait l'extrémité C de la dernière de ces lignes avec l'extrémité B de AB; enfin, on mènerait, par chaque point de AC des parallèles à CB, qui vien-draient couper AB dans les conditions demandées.

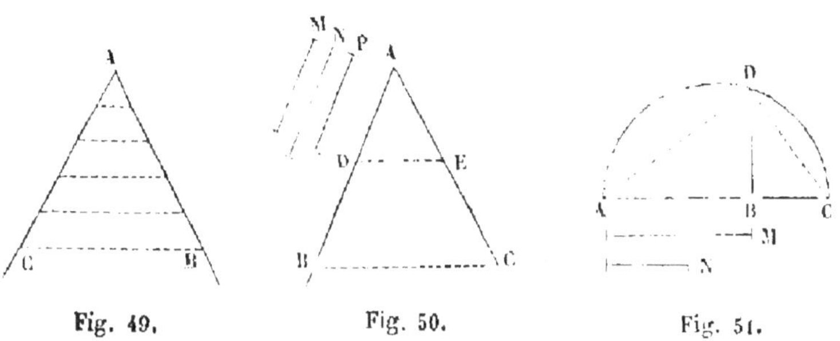

Fig. 49.   Fig. 50.   Fig. 51.

Soient M, N, P (fig. 50) *trois droites de longueurs données; pour trouver le quatrième terme de la proportion dont elles formeraient les trois premiers dans l'ordre énoncé ci-dessus*, il faut tirer d'un même point A deux droites indéfinies AB, AC; prendre AD = M, DB = N, AE = P, joindre DE, et par le point B lui mener la parallèle BC. En effet, on aura

$$\text{AD ou M : BD ou N :: AE ou P : CE,}$$

CE formant la quatrième proportionnelle demandée.

S'il s'agissait de trouver une moyenne proportionnelle aux droites M *et* N (fig. 51) il faudrait prendre sur la même droite et bout à bout AB = M, BC = N; décrire sur AC comme diamètre une demi-circonférence; et, par le point B, élever sur AC la perpendiculaire BD jusqu'à la rencontre de cette demi-circonférence. BD sera la moyenne proportionnelle entre AB et BC, ou M et N, puisque l'angle ADC est droit.

XXV.

CONSTRUIRE UN POLYGONE SEMBLABLE A UN POLYGONE DONNÉ.

Soit ABCDEF (fig. 52) le polygone donné et AB′ le côté du polygone cherché, correspondant au côté AB du polygone donné. Du point A on mène les diagonales AC, AD, AE, nécessaires pour diviser le polygone ABCDEF en triangles ayant tous un de leurs sommets en A. Ensuite, par le point B′ on tire B′C′ parallèle à BC; puis, par le point C′ où cette parallèle rencontre AC, on mène C′D′ parallèle à CD; puis D′E′ parallèle à DE; enfin E′F′ parallèle à EF : le polygone résultant AB′C′D′E′F′ sera semblable au polygone proposé, puisque ces deux figures seront composées d'un même nombre de triangles semblables chacun à chacun et semblablement placés.

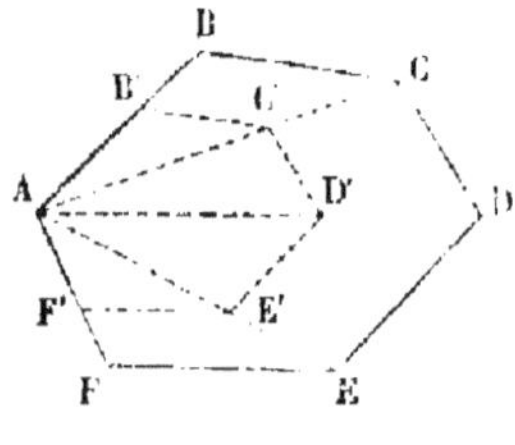

Fig. 52.

XXVI.

MESURE DES AIRES.

L'*aire* d'une surface est la portion d'étendue qu'elle embrasse indépendamment de la forme de son contour. Alors deux figures sont dites *équivalentes*, si leurs aires sont égales, et l'on réserve l'expression de *figures égales* à celles dont l'étendue et la forme sont égales, de manière à pouvoir être superposées en toutes leurs parties.

Connaître l'aire d'une surface, c'est savoir combien de fois cette surface en contient une autre prise pour unité. Ordinairement cette unité de surface est le carré formé sur l'unité de longueur. Si, par exemple, le *mètre* est l'unité de longueur, le carré qui a un mètre de côté sera l'unité de surface. Alors l'aire d'une surface proposée sera exprimée en mètres carrés et fraction de mètre carré.

XXVII.

MESURE DE L'AIRE DU RECTANGLE, DU PARALLÉLOGRAMME, DU TRIANGLE, DU TRAPÈZE, D'UN POLYGONE QUELCONQUE.

Soit un rectangle ABDC (fig. 53) dont la *base* AB contienne, par exemple, 10 parties égales, desquelles 5 sont contenues dans la *hauteur* AC. Si, par chaque point de division de la base, on mène des droites perpendiculaires à cette base, et pareillement sur la hauteur, par les points de division de celle-ci, le rectangle se trouvera partagé en carrés égaux entre eux, savoir, 5 rangées de 10 carrés,

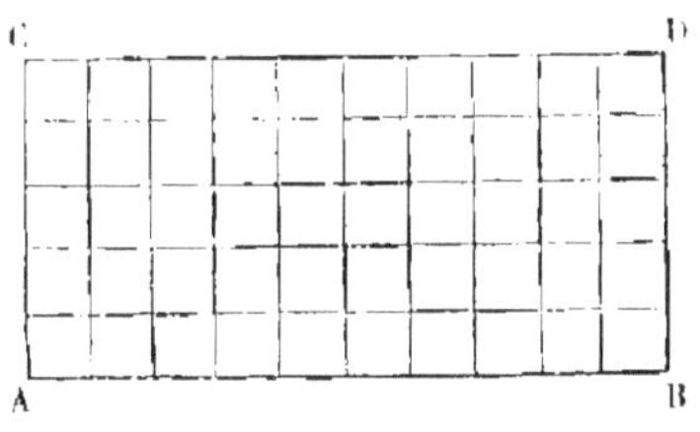

Fig. 53.

ou 10 rangées de 5 carrés, en tout 50 carrés, nombre qui exprime le produit de la base par la hauteur et représente l'étendue ou *l'aire* du rectangle.

Un parallélogramme tel que ABCD (fig. 54) *est équivalent au rectangle* ABEF, *de même base* AB *et de même hauteur* BE (la hauteur d'un parallélogramme étant une perpendiculaire menée entre la base et le côté opposé ou son prolongement). En effet, il est facile de voir que les triangles ADF et BCE sont égaux, et qu'il faut ajouter à ces triangles la même

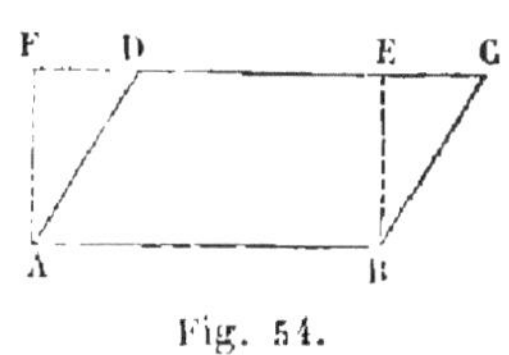

Fig. 54.

portion de surface ABED pour former, avec l'un le rectangle, avec l'autre le parallélogramme. Donc ce dernier a aussi pour mesure le produit de sa base par sa hauteur. Par conséquent, les parallélogrammes de même base et de même hauteur sont équivalents; ceux de même base, étant entre eux comme leurs hauteurs; et ceux de même hauteur, dans le rapport de leurs bases.

Un triangle ABC (fig. 55) *est la moitié du parallélogramme* ABDC *de même base* AB *et de même hauteur* CE (la hauteur du triangle étant la perpendiculaire abaissée du sommet sur la base ou sur son prolongement). En effet, CD étant parallèle à AB et BD à AC, les triangles ABC et BCD sont égaux. Par conséquent l'aire d'un triangle est donnée par la moitié du produit de sa base par sa hauteur; ou, ce qui est la même chose, au produit de la base par la moitié de la hauteur; ou enfin, au produit de la hauteur par la moitié de la base. D'où il résulte que tous les triangles de même base et de même hauteur sont équivalents; que ceux de même base sont comme leurs hauteurs; et ceux de même hauteur, comme leurs bases.

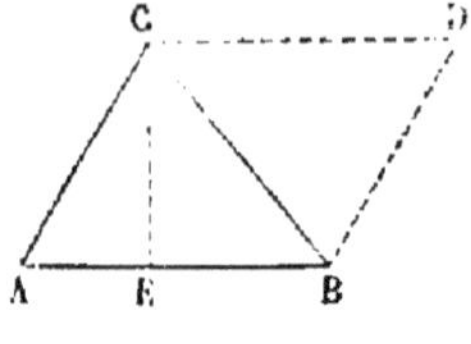

Fig. 55.

Quant au trapèze ABCD (fig. 56), si des milieux E et F de ses côtés obliques on mène les perpendiculaires GH et IK entre les côtés parallèles, prolongés s'il est nécessaire, on pourra remplacer le triangle AEG par son égal DEH, et le triangle BFI par son égal CFK, en sorte que le trapèze se trouvera remplacé par le rectangle GIKH. Mais le rectangle a pour mesure le produit de sa base GI ou EF par sa hauteur GH; donc le trapèze aura la même mesure, savoir, le produit de EF menée à égale distance des côtés parallèles AB et CD (vu que GE = EH et FI = FK), par sa hauteur GH qui est la perpendiculaire menée entre ses deux côtés parallèles. Il est bon de remarquer que

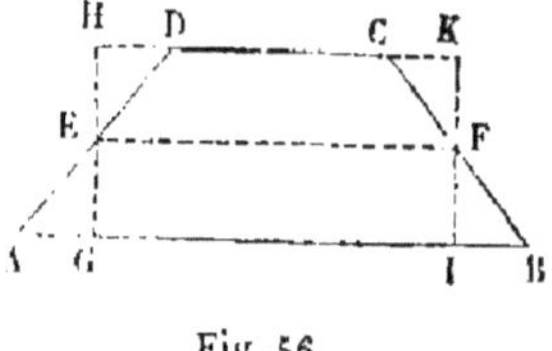

Fig. 56.

$$2\,EF = GJ + HK ,$$

ou

$$2\,EF = AB + CD ,$$

en sorte que

$$EF = \tfrac{1}{2}\,(AB + CD) ,$$

c'est-à-dire que EF est la demi-somme des deux côtés parallèles.

Quant à *l'aire d'un polygone quelconque* ABCDEF (fig. 52), on peut l'évaluer, après avoir décomposé ce polygone en triangles, par les diagonales menées d'un de ses angles A aux différents angles C, D, E.

XXVIII.

MESURE APPROCHÉE DE L'AIRE D'UNE FIGURE PLANE QUELCONQUE.

Si la figure donnée est terminée par des lignes droites et des lignes courbes, on prendra sur ces dernières des points assez rapprochés, pour qu'en les joignant deux à deux et de proche en proche par des droites, ces droites se confondent sensiblement avec les arcs de courbes qu'elles sous-tendent. Alors la surface proposée se trouvera changée en un polygone, qui en différera très-peu, et que l'on divisera en triangles, en parallélogrammes, en trapèzes, suivant le mode le plus avantageux, éléments dont on calculera les aires, qui par leur somme donneront l'aire totale de la figure proposée.

Pour plus de sûreté, on pourra ensuite mener, par les points de division pris sur les lignes courbes, des tangentes qui, par leurs intersections mutuelles, détermineront les angles d'un polygone circonscrit à la surface proposée. Ce polygone sera plus grand que la surface en question, si le polygone précédemment inscrit est plus petit; ou *vice versa*, le polygone circonscrit sera plus petit, si le polygone inscrit est plus grand; en sorte, que l'aire de la surface proposée sera comprise entre les aires de ces deux polygones. En prenant la moyenne entre ces deux aires, on pourra obtenir une valeur encore plus approchée de celle que l'on cherche.

XXIX.

RAPPORT ENTRE LES AIRES DES POLYGONES SEMBLABLES.

Deux triangles semblables ABC, ADE (fig. 57) *sont entre eux comme les carrés des côtés homologues.* Abaissons les perpendiculaires AG, AF du sommet A sur les bases DE, BC des triangles. Les triangles rectangles ADG, ABF seront semblables et donneront

$$AG : AF :: AD : AB,$$

ou

$$\tfrac{1}{2} AG : \tfrac{1}{2} AF :: AD : BA .$$

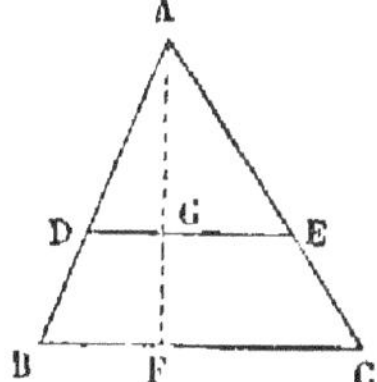
Fig. 57.

Mais les triangles ADE , ABC donnent

$$DE : BC :: AD : AB.$$

Multipliant les deux dernières proportions terme à terme, on **aura**

$$DE \times \tfrac{1}{2} AG : BC \times \tfrac{1}{2} AF :: \overline{AD}^2 : \overline{AB}^2.$$

c'est-à-dire

$$\text{triangle ADE} : \text{triangle ABC} :: \overline{AD}^2 : \overline{AB}^2.$$

Deux polygones semblables ABCDEF , AB'C'D'E'F' (fig. 52) *sont entre eux comme les carrés des côtés homologues.* Décomposant ces polygones en triangles semblables , on aura

$$ABC : AB'C' :: \overline{BC}^2 : \overline{B'C'}^2 ,$$

$$ACD : AC'D' :: \overline{CD}^2 : \overline{C'D'}^2 ,$$

$$ADE : AD'E' :: \overline{DE}^2 : \overline{D'E'}^2 ,$$

et ainsi de suite. Mais on a

$$BC : B'C' :: CD : C'D' :: DE : D'E', \text{ etc.,}$$

et $\qquad \overline{BC}^2 : \overline{B'C'}^2 :: \overline{CD}^2 : \overline{C'D'}^2 :: \overline{DE}^2 : \overline{D'E'}^2 ,$ etc.;

donc les seconds rapports des proportions ci-dessus étant égaux , les premières le sont aussi ; en sorte qu'on a

$$ABC : AB'C' :: ACD : AC'D' :: ADE : AD'E' :: \text{etc.} :: \overline{BC}^2 : \overline{B'C'}^2 ,$$

d'où l'on tire

$$ABC + ACD + ADE + \text{ etc.} : AB'C' + AC'D' + AD'E' + \text{etc.} :: \overline{BC}^2 : \overline{B'C'}^2 ,$$

c'est-à-dire $\quad ABCDEF : AB'C'D'E'F' :: \overline{BC}^2 : \overline{B'C'}^2.$

XXX.

RELATION ENTRE LES SURFACES DES CARRÉS CONSTRUITS SUR LES TROIS CÔTÉS D'UN TRIANGLE RECTANGLE.

Soit ABC (fig. 58) un triangle rectangle en C. On démontre de la manière suivante que *le carré* ABGE *formé sur l'hypoténuse* AB *est égal à la somme des deux carrés* ACIH *et* BCKL *formés sur les deux côtés de l'angle droit.* De C abaissons sur AB la perpendiculaire CD, prolongée en F ; joignons BH et CE. Les triangles ABH, ACE sont égaux, comme ayant un angle égal (BAH = CAE, formés du même angle BAC joint à l'angle droit) compris entre deux côtés égaux (AH = AC et AB = AE appartenant à des carrés). Mais le triangle ABH ayant même base AH et même hauteur AC que le carré ACIH est égal à la moitié de celui-ci ; de même le triangle ACE ayant même base AE et même hauteur AD que le rectangle AEFD , est la moitié de ce rectangle. D'où il résulte que les triangles étant égaux , le carré ACIH est égal au rectangle AEFD. On démontrerait de même que le carré BCKL est égal au rectangle BDFG. En sorte que ces deux rectangles, qui composent le carré de l'hypoténuse, équivalent aux deux carrés formés sur les côtés de l'angle droit.

Ayant   ACIH = AEFD

et   BCKL = BDFG ,

on aura, en d'autres termes.

$$\overline{AC}^2 = AD \times AE = AD \times AB ,$$

et $\overline{BC}^2 = BD \times BG = BD \times AB ,$

c'est-à-dire AD : AC :: AC : AB

et   BD : BC :: BC : AB ,

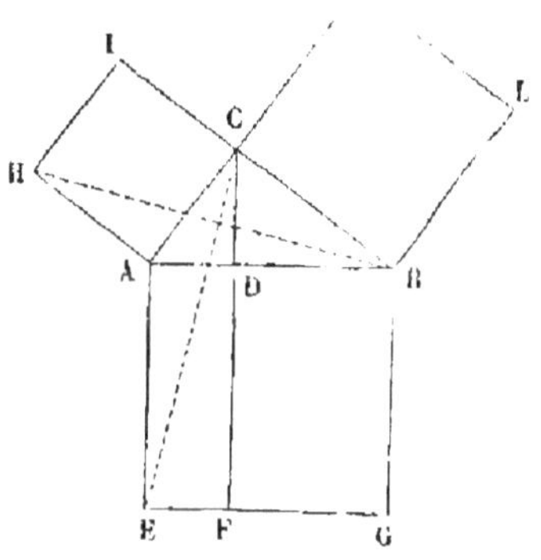

Fig. 58.

proportions qu'on exprime en disant que *chacun des côtés de l'angle droit est moyen proportionnel entre l'hypoténuse entière et le segment adjacent*; proposition déjà démontrée plus haut n° XIX.

Le triangle ABC étant partagé en deux autres triangles rectangles ACD et BCD , on aura

$$\overline{AC}^2 = \overline{CD}^2 + \overline{AD}^2 , \qquad \overline{BC}^2 = \overline{CD}^2 + \overline{BD}^2 ;$$

ajoutant $AC^2 + \overline{BC}^2 = 2\,CD^2 + \overline{AD}^2 + \overline{BD}^2 ,$

ou $\overline{AB}^2 = 2\overline{CD}^2 + \overline{AD}^2 + \overline{BD}^2 ,$

ou $(AD + BD)^2 = 2\overline{CD}^2 + \overline{AD}^2 + \overline{BD}^2 ;$

développant le carré du premier membre, retranchant de part et d'autre $\overline{AD}^2$ et $\overline{BD}^2$, et divisant par 2, il restera

$$AD \times BD = \overline{CD}^2 ,$$

résultat que l'on peut écrire sous forme d'une proportion

$$AD : CD :: CD : BD ,$$

laquelle annonce que *la perpendiculaire* CD *est moyenne proportionnelle entre les deux segments* AD *et* BD *de l'hypoténuse;* proposition déjà démontrée plus haut, n° XIX.

Au moyen de la propriété du triangle rectangle, on résout beaucoup de problèmes, comme par exemple de trouver la somme ou la différence de deux carrés, et par suite de deux figures quelconques semblables entre elles.

Faire un carré égal à la somme de deux carrés, dont les deux côtés sont M *et* N (fig. 59). On prendra à angle droit AB = M, AC = N, et BC sera le côté du carré demandé.

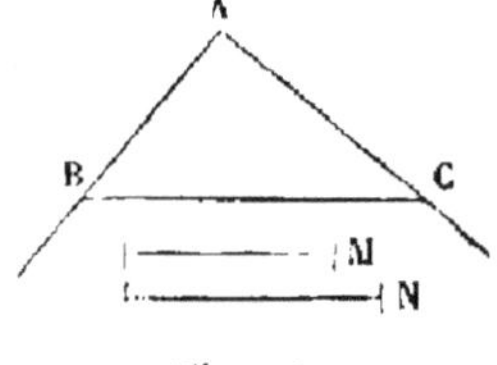

Fig. 59.

XXXI.

POLYGONES RÉGULIERS INSCRITS ET CIRCONSCRITS AU CERCLE.

Un polygone *régulier* est tel que tous ses angles sont égaux, ainsi que tous ses côtés.

Tout polygone régulier, tel que ABCDEF (fig. 60), peut être inscrit à un cercle, et peut être circonscrit à un autre cercle. Car si l'on divise tous les angles en deux parties égales, les triangles résultants AOB, BOC, etc. seront tous groupés autour d'un même point O, qui sera le centre tant du cercle inscrit que du cercle circonscrit. En effet, les triangles indiqués ci-dessus seront égaux comme ayant les côtés AB, BC, etc. égaux, adjacents à des angles égaux, et de plus ces triangles seront isocèles, comme ayant chacun ces deux angles égaux ; donc AO = BO = CO , etc., ce qui

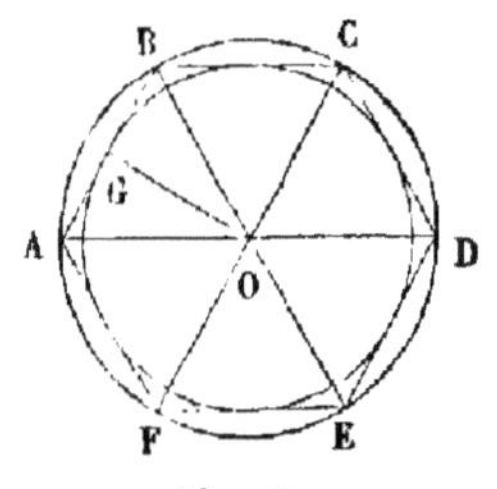

Fig. 60.

démontre l'existence du centre O. Cela posé, le rayon du cercle circonscrit sera OA, et le rayon du cercle inscrit sera la perpendiculaire OG abaissée de O sur l'un des côtés du polygone.

XXXII.

INSCRIRE UN CARRÉ, UN HEXAGONE ET LES POLYGONES RÉGULIERS DONT L'INSCRIPTION SE RAMÈNE A CELLE DE L'HEXAGONE ET DU CARRÉ.

Pour inscrire un carré au cercle, il suffit de mener deux diamètres AC, BD (fig. 61) perpendiculaires l'un à l'autre, et de joindre leurs extrémités pour avoir le carré inscrit ABCD.

Supposé l'hexagone ABCDEF (fig. 62) inscrit au cercle. Les rayons OA, OB...., menés au sommet des angles du polygone, formeront autour du

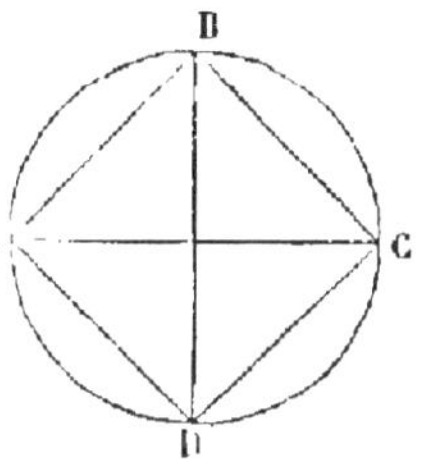

Fig. 61.

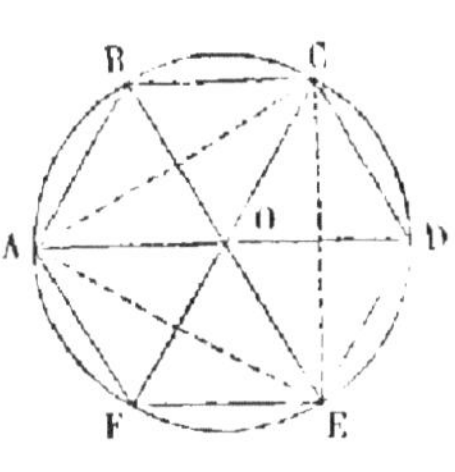

Fig. 62.

centre O six angles dont l'ensemble fait quatre angles droits, et par conséquent chacun $\frac{2}{3}$ d'angle droit. Mais tous les angles des 6 triangles formant 12 angles droits, il reste 8 angles droits pour les angles du contour ; et en divisant 8 par 12 il vient encore $\frac{2}{3}$ d'angle droit pour chacun de ces derniers angles. Donc les trois angles de chaque triangle sont égaux entre eux ; donc ces triangles sont équilatéraux.

Si l'on divise en deux parties égales tous les arcs sous-tendus par le carré inscrit au cercle, et qu'on joigne deux à deux les points de division, on aura évidemment le polygone régulier de 8 côtés, inscrit au cercle. On aurait ensuite ceux de 16, de 32, de 64, etc. côtés, en bissectant de même et successivement les arcs sous-tendus par les côtés de ce dernier polygone.

En partant du polygone inscrit de 6 côtés, et par des bissections successives, on inscrirait de même les polygones réguliers de 12, de 24, de 48, etc. côtés.

XXXIII.

MONTRER QUE LE RAPPORT DE LA CIRCONFÉRENCE AU DIAMÈTRE EST LE MÊME POUR TOUS LES CERCLES, ET INDIQUER L'ESPRIT DE LA MÉTHODE AU MOYEN DE LAQUELLE ON PEUT, PAR DES PROCÉDÉS ÉLÉMENTAIRES, OBTENIR UNE VALEUR APPROCHÉE DE CE RAPPORT.

Soient deux polygones réguliers d'un même nombre de côtés ABC..., A'B'C'.... (fig. 63). *Soient* OA *et* O'A' *les rayons des cercles circonscrits,* OP *et* O'P' *les rayons des cercles inscrits. On prouve que les contours de ces polygones sont entre eux comme* OA *est à* O'A', *ou comme* OP *est à* O'P', *et que leurs surfaces sont comme les carrés de ces mêmes rayons.* Il est aisé de voir, en effet, que les triangles

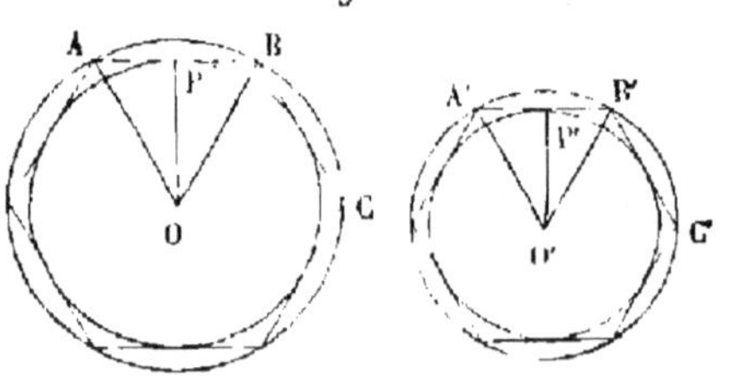

Fig. 63.

tels que OAP sont égaux entre eux, ainsi que les triangles O'A'P' et que les premiers sont semblables aux seconds. Par exemple, OAP et O'A'P' sont les moitiés des trianges OAB et O'A'B' que nous savons déjà être égaux dans chaque polygone. En second lieu, les angles au centre AOP, A'O'P' sont égaux comme étant la même fraction de quatre angles droits; et les angles en P et P' étant droits, les triangles OAP, O'A'P' sont semblables. Par conséquent le rapport de AP à A'P', ou de AB à A'B', ou du contour entier ABC.... au contour entier A'B'C'...., est le même que le rapport de OA à O'A', ou de OP à O'P', ce qui établit la première partie de la proposition. Quant à la seconde, on la démontre en multipliant terme à terme ces deux suites de rapports égaux

$$AB : A'B' :: OP : O'P' :: OA : O'A',$$

$$\tfrac{1}{2} OP : \tfrac{1}{2} O'P' :: OP : O'P' :: OA : O'A',$$

d'où $AB \times \tfrac{1}{2} OP : A'B' \times \tfrac{1}{2} O'P' :: \overline{OP}^2 : \overline{O'P'}^2 :: \overline{OA}^2 : \overline{O'A'}^2,$

mais les deux premiers termes expriment les surfaces des triangles OAB, O'A'B'. Donc ces surfaces, et par suite les surfaces entières des polygones, sont entre elles comme les carrés des rayons des cercles tant inscrits que circonscrits.

Si maintenant on considère que le cercle est la limite vers laquelle tendent sans cesse les polygones réguliers, inscrits et circonscrits, en sorte que ces polygones se confondraient entre eux et avec le cercle qu'ils comprennent, si le nombre de leurs côtés devenait infini, il en résulte que les deux propositions précédentes, relatives aux polygones, sont aussi applicables au cercle, savoir, que *les circonférences des cercles sont entre elles comme leurs rayons, et que leurs surfaces sont entre elles comme les carrés des rayons.*

En d'autres termes, cela veut dire que *le rapport de la circonférence au rayon ou au diamètre est le même pour tous les cercles.*

Pour calculer la circonférence d'un cercle en partant de son rayon, il faut :

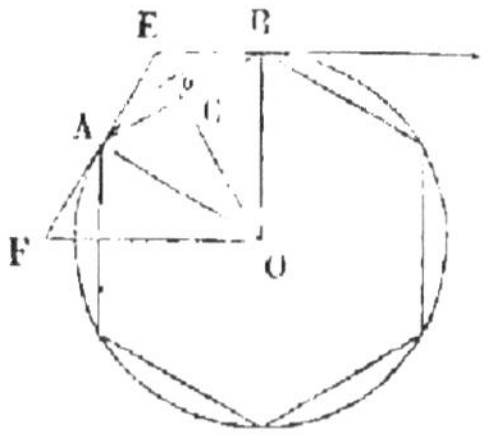

1° Connaissant le demi-côté AC (fig. 64) d'un polygone inscrit, savoir calculer le demi-côté AE du polygone circonscrit ayant le même nombre de côtés. Pour cela, on a

$$\overline{AE}^2 = CE \times OE = CE \times (OC + CE) ;$$

mais de la proportion $OC : AC :: AC : CE$, on tire la valeur de CE que l'on substitue; d'où, après les réductions,

$$AE^2 = \frac{\overline{AC}^2 \times (\overline{OC}^2 + \overline{AC}^2)}{\overline{OC}^2} ;$$

mais $\overline{OC}^2 + \overline{AC}^2 = \overline{OA}^2$ et $\overline{OC}^2 = \overline{OA}^2 - \overline{AC}^2$,

d'où enfin

$$AE = \frac{OA \times AC}{\sqrt{\overline{OA}^2 - \overline{AC}^2}} ,$$

expression de AE, qui ne contient plus que le rayon OA et le demi-côté AC du polygone inscrit.

2° Connaissant le demi-côté AC d'un polygone inscrit, trouver le demi-côté AD d'un polygone inscrit, ayant un nombre de côtés double. Pour cela, on a

$$\overline{AD}^2 = \overline{AC}^2 + \overline{CD}^2 ,$$

mais

$$\overline{CD}^2 = (OD - OC)^2 = (OA - OC)^2 ,$$

ou

$$\overline{CD}^2 = (OA - \sqrt{\overline{OA}^2 - \overline{AC}^2})^2 ,$$

en développant le carré et réduisant,

$$\overline{CD}^2 = 2\overline{OA}^2 - \overline{AC}^2 - 2\,OA\sqrt{\overline{OA}^2 - \overline{AC}^2} ,$$

d'où, en substituant dans la première égalité et réduisant

$$\overline{AD}^2 = 2\,OA \times \left(OA - \sqrt{\overline{OA}^2 - \overline{AC}^2}\right),$$

expression du carré de AD, qui ne contient plus que le rayon OA et le demi-côté AC du polygone connu.

Cela posé, on calcule successivement le demi-côté des polygones inscrits, dont le nombre de côtés va toujours doublant; en même temps, on calcule le demi-côté des polygones circonscrits qui leur correspondent. Par suite, on connaît les contours entiers de ces divers polygones; leurs valeurs approchent de plus en plus d'être égales entre elles, et à celle de la circonférence qui reste toujours comprise entre ces polygones inscrits et circonscrits. On pousse ainsi le calcul jusqu'à ce que les valeurs des contours de deux polygones, inscrits et circonscrits, ne diffèrent plus que de l'ordre des décimales que l'on veut conserver.

C'est ainsi qu'on a trouvé $3,14159$ pour la longueur de la circonférence, dont le diamètre est pris comme unité. Archimède avait obtenu le rapport assez simple $\frac{22}{7}$, et Métius le rapport beaucoup plus approché $\frac{355}{113}$.

XXXIV.

MESURE DE L'AIRE DU CERCLE, ENVISAGÉE COMME UN POLYGONE RÉGULIER D'UNE INFINITÉ DE CÔTÉS.

Si, du centre du cercle inscrit dans un polygone régulier, on mène des droites à tous les sommets des angles de ce polygone, la surface de celui-ci sera partagée en triangles égaux, ayant chacun pour base l'un des côtés du polygone, et pour hauteur le rayon du cercle inscrit. Par conséquent *la surface totale du polygone s'obtiendra en multipliant chacun de ces côtés, c'est-à-dire son contour entier, par la moitié du rayon du cercle inscrit.*

Comme le cercle peut être assimilé à un polygone régulier d'un nombre infini de côtés, il s'ensuit que *la surface du cercle s'obtiendra en multipliant la longueur de la circonférence par la moitié du rayon,* qui représente la perpendiculaire abaissée du centre sur chacun de ses côtés infiniment petits.

ÉLÉMENTS DE PHYSIQUE.

XXXV.

1. De la pesanteur.

La *pesanteur*, autrement dite *attraction* ou *gravitation*, est une force qui sollicite tous les corps à se porter les uns vers les autres. Cette attraction se fait en proportion directe des quantités de matière, et en raison inverse du carré des distances. Ainsi l'attraction d'un corps sur un autre étant désignée par 1, cette attraction deviendra 2 si l'on double le premier corps, 3 si on le triple, et ainsi de suite, la distance restant la même; et si, les corps restant les mêmes, leur distance était doublée, l'attraction serait 4 fois moindre; si la distance était triplée, l'attraction serait 9 fois moindre, etc., les nombres 4, 9.... étant les carrés des distances correspondantes 2, 3.... C'est ce qu'on nomme la loi newtonienne, du nom de son inventeur.

L'attraction d'un corps pour un autre résulte des attractions de chacun des atomes du premier sur tous les atomes du second. Ces attractions élémentaires varient en direction et en intensité; mais elles peuvent être remplacées par une seule force, qui est ce qu'on appelle leur *résultante.*

Ainsi, les corps qui sont à la surface de la terre sont attirés, non par le centre de la terre seulement, mais par tous les atomes de matière qui composent ce globe; et il en résulte une force générale, qui fait tomber ces corps suivant la *verticale*, ou perpendiculairement à la surface des eaux tranquilles. Ces corps attirent aussi la terre, en vertu de la réciprocité d'action; mais les forces attractives étant égales de part et d'autre, les corps font plus de chemin que la terre, qui, étant très-considérable, ne paraît pas bouger du tout.

2. Expérience de la chute des corps dans le vide.

L'attraction de la terre, sur un corps placé à sa surface, est une force *constante*, c'est-à-dire une force qui tire toujours de la même

manière et sans aucune interruption. Pour fixer les idées, on suppose
que cette force donne de petites impulsions égales, à des intervalles
de temps égaux et très-courts ; en sorte qu'un corps qui tombe reçoit
ces petits coups, qui accroîtront sa vitesse proportionnellement à leur
nombre et par conséquent proportionnellement au temps. Si par
exemple le corps part du repos et tombe librement sous l'action seule
de la pesanteur, il reçoit dans la première seconde un nombre d'impulsions tel, qu'au bout de cette seconde il a acquis une vitesse de
10 mètres ; ce qui veut dire que la pesanteur, cessant d'agir au bout
de la première seconde, le corps, en vertu de son inertie, continuerait
à se mouvoir en parcourant 10 mètres par seconde. Pendant la
deuxième seconde de sa chute, sous l'influence de la pesanteur, il
recevra autant d'impulsions qu'il en avait reçues durant la première ;
en sorte qu'à la fin de cette deuxième seconde sa vitesse sera doublée,
c'est-à-dire de 20 mètres. En raisonnant de même pour la troisième seconde, on voit que le corps acquerrait une vitesse triple,
ou de 30 mètres, et ainsi de suite, la vitesse finale étant proportionnelle au temps, c'est-à-dire égale à 10 mètres répétés autant
de fois qu'il y a de secondes dans le temps de la chute. Ce nombre,
pour Paris, est de 9,8 mètres. On désigne ce dernier nombre par g,
la vitesse acquise par v, qui exprime des mètres, le temps de
la chute par t, qui exprime des secondes, et l'on a la formule
$v = g \times t$.

Pour calculer le chemin e parcouru durant le temps t, il suffit
d'observer qu'au lieu d'une vitesse croissant uniformément depuis zéro
jusqu'à sa valeur finale v, on aura le même chemin, si l'on prend
la vitesse moyenne $\frac{v}{2}$ pendant tout le temps de la chute, vu que
l'on gagnera au commencement ce que l'on perdra vers la fin. Mais
un corps qui parcourt uniformément par seconde le nombre $\frac{v}{2}$ de
mètres parcourra $\frac{v}{2} \times t$ en un temps formé de t secondes, en
sorte que le chemin total ainsi parcouru sera

$$e = \frac{v}{2} \times t,$$

ou, en mettant pour v sa valeur précédente $g \times t$,

$$e = \frac{g \times t}{2} \times t = \frac{g}{2} \times t^2.$$

Il résulte de cette formule que l'espace parcouru est égal à la moitié du nombre g (c'est-à-dire à 4, 9 mètres), multiplié par le carré de t, nombre des secondes de chute. Si l'on prend successivement 1, 2, 3, 4, etc. secondes, les chemins parcourus seront de 4,9 mètres, multipliés respectivement par 1, 4, 9, 16, etc., qui sont les carrés des temps. Enfin si l'on veut avoir les chemins parcourus pendant chacune des secondes successives, il faudra retrancher le chemin parcouru dans la première seconde de celui parcouru dans les deux premières, puis retrancher le chemin correspondant à 2 secondes du chemin correspondant à 3 secondes, et ainsi de suite, ce qui donnera pour les chemins parcourus pendant la 1re, la 2e, la 3e, la 4e, etc. seconde, le nombre 4,9 mètres multiplié respectivement par 1, 3, 5, 7, etc., qui forment la série des nombres impairs. C'est ce qu'on exprime en disant que les chemins parcourus de seconde en seconde croissent comme les nombres impairs.

Il est bon de remarquer que la chute des corps s'opère avec la même vitesse pour toute espèce de matière, du moins si on les observe dans le vide ; car l'air oppose une résistance qui varie en raison de la densité et de la forme de ces corps. Cela vient de ce que l'attraction de la terre, sur différentes matières, est proportionnelle à ces dernières ; en sorte qu'une quantité de matière égale à 1 étant tirée avec une force représentée par 1, une quantité 2 sera tirée par une force 2 ; ce qui revient à tirer chacune de ces deux unités de matière par une force 1.

3. Masse.

Poussé par une même force, un corps marche d'autant moins vite qu'il contient plus de matière, c'est-à-dire que sa *masse* est plus grande. Ainsi la terre attire la lune, et celle-ci attire la terre précisément avec la même force ; mais la terre ayant une masse 75 fois plus grande que celle de la lune, cette lune fait vers la terre 75 fois plus de chemin que la terre n'en fait vers la lune dans le même temps ; et ces deux corps finiraient par se heurter, si la lune n'était pas lancée de manière à tourner autour de notre globe.

4. Densité, poids d'un corps.

Le *poids* d'un corps est la force qui le sollicite à tomber vers un autre corps. Ainsi le poids d'un corps placé à la surface de la terre est la force qui le tire suivant la verticale, et qui le ferait tomber s'il ne rencontrait pas un obstacle, contre lequel il presse sans cesse, comme par exemple contre le plateau d'une balance. La *masse* d'un corps ne diminue pas en comprimant ou dilatant le volume de ce corps ; mais son *poids* peut varier, soit en portant le corps sur de hautes montagnes, ou même en des points différents de la surface du globe. La *masse* est donc une chose constante par elle-même, tandis que le *poids* est variable avec la distance et la masse du corps attirant, mais dans un même lieu le poids reste proportionnel à la masse, c'est-à-dire que le poids sera doublé si la masse est doublée.

Des volumes égaux de matières différentes ne renferment pas des masses égales, ou, en d'autres termes, ne pèsent pas également, n'ont pas le même poids. La *densité* d'une matière est proportionnelle à la masse ou au poids sous un volume constant. Ainsi le mercure pèse 13 à 14 fois plus que l'eau sous le même volume ; et le platine qui est la plus *dense* de toutes les matières connues, pèse 21 fois plus qu'un égal volume d'eau ; auquel cas on dit que la *densité* du platine est 21, celle de l'eau étant prise pour unité.

5. Centre de gravité.

Il y a un cas particulier où plusieurs forces appliquées en différents points, admettent toujours une *résultante* : c'est celui où toutes ces forces sont parallèles et dirigées dans le même sens. Si, après avoir construit leur résultante, on tourne toutes les forces dans une autre direction en conservant leur parallélisme, mais sans changer leurs points d'application, la nouvelle résultante qu'elles admettront sera égale à la première en intensité ; et, ce qu'il y a de remarquable, ces résultantes passeront toutes deux par le même point.

On aura beau changer la direction de toutes les forces, en conservant leur parallélisme, leur résultante passera toujours par un même point, qui porte en conséquence le nom de *centre* des forces du système.

Par exemple, tous les atomes d'un corps solide placé à la surface de la terre, sont attirés par celle-ci dans des directions sensiblement parallèles, en égard aux petites dimensions de ce corps relativement à celles de notre globe. La résultante de toutes ces attractions élémentaires est ce que nous avons appelé le *poids* du corps. Si l'on tourne ce corps sur une autre face, les attractions élémentaires tourneront de la même manière autour des atomes ; mais leur résultante passera encore par le même point, par le même centre, que l'on appelle *centre de gravité*, c'est-à-dire centre des forces de gravitation.

Chaque corps, quelle que soit d'ailleurs sa forme, a un centre de gravité. Si l'on retenait un corps par son centre de gravité, il est clair qu'on détruirait l'action de la pesanteur, puisque la résultante de toutes les attractions de la terre passe par ce point. Si l'on suspendait le corps par un autre point, le corps tournerait autour de celui-ci, jusqu'à ce que le centre de gravité fût amené dans la verticale du point de suspension au-dessous, auquel cas l'attraction de la terre serait encore détruite.

Il est évident que le centre de gravité et le centre de figure ne font qu'un dans tous les corps homogènes, c'est-à-dire formés de particules également denses partout. Ainsi le centre de gravité d'une ligne droite est au milieu de cette droite; celui d'un cercle est au centre de ce cercle; celui d'un parallélogramme, à la rencontre des deux diagonales; celui d'une sphère, au centre de la sphère; et ainsi des autres. Quant au centre de gravité du triangle, il se trouve à l'intersection des droites menées des angles au milieu des côtés opposés, et, par suite, aux deux tiers de ces droites à partir des angles. Dans la pyramide triangulaire, il se trouve de même à l'intersection des droites menées des sommets aux centres de gravité des faces opposées, et, par suite, aux trois quarts de ces droites, à partir des sommets.

Quand il s'agit d'un corps de forme irrégulière, on le suspend successivement par deux de ses points, et la rencontre des deux fils de suspension détermine le centre de gravité dans l'intérieur de ce corps.

6. Isochronisme des petites oscillations du pendule.

On distingue le *pendule simple*, qui est idéal, des *pendules composés*, qui seuls sont réels. Le pendule simple consisterait en un point matériel, suspendu à l'extrémité inférieure d'un fil sans pesanteur, dont le bout supérieur serait attaché à un point fixe. En écartant ce pendule de la verticale, puis l'abandonnant à lui-même, il oscille autour de la verticale du point de suspension, en décrivant de part et d'autre des arcs égaux entre eux et à l'écartement primitif. Si ce pendule était dans le vide, et si la suspension n'occasionnait aucun frottement, les oscillations dureraient éternellement, avec leur *amplitude* initiale. De plus, la durée d'une *oscillation* serait toujours la même, et pourrait servir à mesurer le temps. Enfin, la durée de l'oscillation est indépendante des arcs décrits, pourvu que les arcs soient très-petits, par exemple de moins d'un degré. Le calcul apprend que cette durée d'une oscillation est donnée par la formule

$$t = \pi \sqrt{\frac{l}{g}},$$

où t exprime la durée de l'oscillation en secondes, π le rapport de

la circonférence au diamètre, savoir $\frac{355}{113}$, l la longueur du fil en
mètres; et g la vitesse acquise par un corps au bout d'une seconde
de chute, et que nous avons dit être environ 9,8 mètres.

On approche passablement des conditions du pendule simple, en
suspendant une petite boule métallique au bout d'un long fil très-fin,
et c'est ainsi que les premières observations du pendule ont été faites ;
depuis, on a formé des pendules plus ou moins composés, et de telle
manière qu'on puisse calculer la longueur du pendule simple qui ferait ses oscillations dans le même temps. D'après la formule ci-dessus, on voit que le temps d'une oscillation du pendule simple croît
comme la racine carrée de sa longueur : que, par conséquent, les diverses particules d'un pendule réel ou composé oscilleraient différem-
ment, suivant qu'elles se trouvent plus ou moins rapprochées du point
de suspension, si elles oscillaient librement ; qu'enfin dans leur mouvement commun, les plus éloignées retardent les plus proches, de
même que ces dernières font marcher plus vite les premières, ce qui
établit une espèce de compensation. Parmi les particules d'un pendule
composé, il y en a donc une qui marche comme si elle était libre, et
qu'elle formât à elle seule un pendule. Cette particule est ce qu'on
appelle le *centre d'oscillation* ; et dans une sphère suspendue à un long
fil très-fin, le centre d'oscillation se trouve un peu au-dessous du centre de la sphère.

Les pendules servent à régler la marche des horloges ; et pour que
ces instruments soient parfaits, il faut que leur centre d'oscillation
reste toujours à la même distance du point de suspension, ce qui
oblige à les construire de telle manière qu'il y ait compensation dans
les variations de longueur dues aux variations de température. Les
savants ont aussi fait usage du pendule simple pour déterminer l'accroissement de pesanteur qui a lieu depuis l'équateur jusqu'aux pôles,
et pour conclure l'aplatissement de la terre.

7. Usage de la balance.

La *balance* est un levier qui sert à mesurer le poids des corps, et
qui a reçu le nom de *fléau*. Ce fléau porte à son milieu un couteau d'a-
cier transversal, nommé *axe de suspension,* qui repose sur des plans
d'acier ou de pierre dure. A chaque bout du fléau se trouve suspendu
un *plateau* ou *bassin*, et ceux-ci sont destinés à recevoir les poids
que l'on veut équilibrer.

On considère trois espèces de balances : 1° celle où le centre de gravité tombe sur l'axe même de suspension, auquel cas il est clair que
la balance, chargée de poids égaux, peut prendre toutes les positions,

ce qui est un inconvénient ; 2° celle où le centre de gravité est placé au-dessus de l'axe de suspension, et qui pirouette pour peu que le fléau penche d'un côté ou de l'autre : cette balance est dite *folle*. 3° enfin, celle où le centre de gravité est plus bas que l'axe de suspension. Chargée de poids égaux, cette balance oscille autour de sa position d'équilibre, et son fléau finit par devenir horizontal. C'est cette dernière espèce de balance qui est la bonne ; mais il ne faudrait pas que son centre de gravité fût très-éloigné de l'axe de suspension, car elle ferait des oscillations de longue durée et serait ce qu'on appelle *paresseuse*.

Comme les deux bras du fléau d'une balance ne peuvent jamais être rendus parfaitement égaux, on doit faire les bonnes pesées par *tare*. Cette méthode consiste à placer d'un côté le corps que l'on veut peser, et de l'autre côté de la grenaille et même du sable, pour équilibrer la balance ; après quoi on enlève le corps, que l'on remplace par des poids étalonnés jusqu'à ce que l'équilibre soit de nouveau rétabli ; ces poids sont rigoureusement égaux au poids du corps en question, puisque dans les mêmes circonstances ils font équilibre à la même *tare*.

XXXVI.

1. CONDITION D'ÉQUILIBRE DES LIQUIDES. — 2. DÉMONSTRATION EXPÉRIMENTALE DU PRINCIPE D'ARCHIMÈDE. — 3. POIDS SPÉCIFIQUE DES CORPS. — 4. IDÉE DES ARÉOMÈTRES.

1. Condition d'équilibre des liquides.

Un liquide homogène est en équilibre, quand, renfermé dans un vase, sa surface libre est horizontale, c'est-à-dire perpendiculaire à la direction de la pesanteur ; car alors il n'y a pas de raison pour que ce liquide coule d'un côté plutôt que de l'autre. La surface libre se nomme *surface de niveau* et la *profondeur* d'un point dans ce liquide se mesure par la perpendiculaire menée de ce point à la surface de niveau, surface que l'on supposera prolongée indéfiniment.

Les différents points d'un liquide éprouvent des pressions qui résultent, soit du poids des particules superposées, soit de la pression exercée à la surface par l'air atmosphérique, ou de toute pression extérieure et artificielle.

Un liquide parfait est celui dans lequel les pressions extérieures se transmettent également dans toute la masse fluide. Alors aussi une particule liquide est pressée également dans tous les sens; et si cette particule liquide est en contact avec la paroi du vase, elle lui transmet sa pression suivant la normale à la surface.

On vient de voir que la pression en chaque point d'un liquide est proportionnelle à la profondeur verticale de ce point dans le liquide; en sorte qu'une surface horizontale est pressée par le poids d'une colonne cylindrique de liquide, dont la base est cette surface, et dont la hauteur est la profondeur du liquide en cette même surface. Ainsi le fond d'un vase supposé plan et horizontal, subit une pression représentée par une colonne cylindrique de liquide, dont ce fond est la base, et dont la hauteur est la profondeur totale du liquide dans le vase.

Ce dernier résultat est le même, quelle que soit d'ailleurs la forme du vase, pourvu que le fond de ce vase et la hauteur du liquide ne varient point. Ainsi on peut varier la configuration du vase d'une manière arbitraire, rendre par exemple le fond plus petit ou plus grand que l'orifice, sans altérer la pression du fond. Le cas où l'orifice est moindre en étendue que le fond, donne lieu à ce qu'on appelle le paradoxe hydrostatique, cas singulier où la colonne liquide, bien que moins volumineuse qu'une colonne cylindrique, exerce cependant la même pression que cette dernière sur le fond du vase.

2. Démonstration expérimentale du principe d'Archimède.

La pression qu'une particule fluide supporte également dans toutes les directions, au sein d'un liquide, se fait identiquement sentir sur l'élément correspondant de la surface d'un corps immergé. Considérons une portion du volume liquide dans l'état de repos : cette portion de liquide est en équilibre sous l'action de deux genres de forces, savoir : de la pesanteur, qui la tire suivant la verticale, et des pressions du liquide environnant. Puisque la portion du liquide que l'on considère ne va ni à droite ni à gauche, il faut admettre que les composantes horizontales de toutes les pressions qu'elle supporte se détruisent mutuellement, vu que la pesanteur n'admet pas de composantes horizontales. Quant aux composantes verticales des mêmes pressions, elles doivent former une somme précisément égale et de sens contraire à la pesanteur qui sollicite la masse liquide à descendre. En d'autres termes, cette masse liquide a perdu toute tendance à tomber, et son poids est comme annulé par la pression du liquide environnant.

Admettons ensuite, par la pensée, que la même portion de liquide se solidifie sans changer ni de volume ni de poids : elle restera encore en suspens dans la masse fluide. Et si l'on suppose enfin un corps réellement solide occupant la même place que cette portion de liquide, ce corps perdra juste une partie de son poids égale à celui du liquide déplacé, et ne tendra à tomber qu'en vertu de l'excès de son poids, en supposant, bien entendu, le corps plus lourd que le liquide. Dans le cas où ce corps serait au contraire plus léger, il monterait à la surface du liquide, dans lequel il ne s'enfoncerait plus que d'une quantité telle que le poids du liquide déplacé fût précisément égal au poids total de ce corps.

C'est en cela que consiste le principe d'Archimède : tout corps plongé dans un liquide perd une partie de son poids égale au poids du liquide déplacé ; et tout corps flottant sur un liquide perd son poids en totalité, et ne déplace qu'un volume de liquide également pesant.

3. Poids spécifique des corps.

Pour avoir la densité d'un corps solide, on suit la méthode d'Archimède, fondée sur ce principe, qu'un corps plongé dans l'eau y perd une partie de son poids égale au poids du liquide déplacé. Supposons que le corps dans l'air pèse 12 grammes, et 7 grammes dans l'eau : l'eau déplacée, qui a même volume, pèsera donc 12 — 7 ou 5 grammes ; divisant 12 par 5 , on trouve 2,4 pour exprimer la densité du corps en question.

Si le corps pouvait être dissous ou attaqué chimiquement par l'eau, il faudrait le peser dans quelque autre liquide sans action sur lui, et dont on connût la densité relativement à celle de l'eau.

Dans le cas où le corps serait plus léger que l'eau, on pourrait l'attacher à un second corps suffisamment lourd pour l'entraîner sous l'eau ; mais il vaut mieux recourir au procédé suivant : on introduit le corps, soit entier, soit par fragments, dans un flacon de verre, dont le bouchon, également de verre, joigne parfaitement ; soit 46 grammes le poids du flacon plein d'eau seulement ; soit 15 grammes le poids du corps dans l'air ; soit enfin 41 grammes le poids du flacon renfermant ce corps, et de l'eau qui le remplit exactement. Le poids de l'eau déplacée par le corps s'obtiendra en retranchant 41 de 46 + 15, ou 61, ce qui fait 20. Divisant 15 par 20 , on a 0,75 pour la densité cherchée.

Ce dernier procédé servira pour déterminer la densité des liquides. Soient 13 grammes le poids du flacon vide, 29 grammes le poids du flacon plein d'eau, enfin 37 grammes le poids du flacon plein d'un autre liquide. Le même flacon renfermera donc 46 grammes d'eau et 24 grammes de cet autre liquide, dont la densité sera le quotient de 24 par 46, ou 4,5.

4. Idée des aréomètres.

Nous venons d'indiquer les méthodes que l'on suit ordinairement pour déterminer la densité des corps. On emploie aussi à cet usage des instruments nommés *aréomètres*. Celui de Fahrenheit consiste en un cylindre creux, portant à sa partie supérieure une petite tige soutenant elle-même un petit plateau destiné à recevoir des poids. Cet aréomètre est dit *à volume constant*, parce qu'on le charge de telle manière que le niveau du liquide où il flotte s'élève jusqu'à un trait marqué sur la tige. Soit 840 grammes le poids de l'aréomètre dans l'air. Placé dans l'eau, il y faut ajouter 10 grammes pour l'enfoncer jusqu'au trait de la tige, ce qui s'appelle l'*affleurer*. Placé dans un autre liquide, il faut, par exemple, un poids additif de 315 grammes. Ainsi, l'eau déplacée par l'instrument pèsera 840 + 10, ou 850 grammes; et l'autre liquide, également déplacé, pèsera 840 + 315, ou 1155 grammes. Divisant 1155 par 850, on a environ 1,353 pour la densité de cet autre liquide.

En suspendant une petite cuvette à la partie inférieure de cet instrument, on le rend propre à prendre la densité des corps solides, des minéraux par exemple. Soit encore 10 grammes le poids additif nécessaire pour affleurer l'aréomètre. On met le corps sur le plateau, et il ne faut plus que 6 grammes pour affleurer, ce qui montre que le corps pèse 4 grammes. On le met ensuite dans la cuvette, et alors il faut 7,6 grammes pour affleurer, ce qui prouve que le corps a perdu 7,6 — 6, ou 4,6 gramme par son immersion dans l'eau. Divisant enfin 4 par 1,6 il vient 2,5 pour la densité du corps. S'il pesait moins que l'eau, on retournerait la cuvette, et l'on mettrait le corps par-dessous.

Les aréomètres à *poids constant* se composent d'un tube de verre, terminé inférieurement par une petite boule destinée à recevoir du mercure ou de la grenaille de plomb pour lester l'instrument, c'est-à-dire, le maintenir dans une position verticale, au milieu du liquide où il doit flotter. On conçoit que l'aréomètre s'enfoncera d'autant plus que le liquide sera moins dense, et réciproquement. Une graduation sur le tube indique, soit le volume immergé, soit la densité immédiate du liquide, soit enfin des nombres de convention, qui permettent d'apprécier la densité plus ou moins grande des liquides. C'est dans cette catégorie qu'il faut ranger les aréomètres de Baumé,

Casbois et tant d'autres. M. Gay-Lussac a gradué de semblables tubes pour estimer la densité des alcools et qu'il a nommés *alcoomètres*.

XXXVII.

1. BAROMÈTRE. — 2. LOI DE MARIOTTE. — 3. MACHINE PNEUMATIQUE. — 4. POMPES. — 5. SIPHON.

1. Baromètre.

L'air est pesant et tend à tomber vers le centre du globe, comme toute autre espèce de matière. Le vent n'est que l'air qui se déplace en vertu de son poids; et nous sentons que l'air, même calme, résiste plus ou moins à nos mouvements. Les corps plongés dans l'air y perdent une partie de leur poids, égale à celui de l'air déplacé; en sorte que le principe d'Archimède s'applique aux gaz comme aux liquides. Si le corps est plus léger que l'air, il s'élève jusqu'à ce qu'il arrive dans une région de l'atmosphère où l'air déplacé a le même poids que ce corps, et c'est le cas des ballons aérostatiques.

Pour avoir le poids de l'air, on retire d'un grand ballon de verre tout l'air qu'il contient, au moyen de la machine pneumatique dont nous parlerons plus loin. Ce ballon étant *vide* et son orifice fermé par le moyen d'un robinet, on le suspend à l'un des bras d'une balance, que l'on équilibre en mettant des poids sur le plateau de l'autre bras. Cela fait, on ouvre le robinet : l'air afflue dans le ballon avec sifflement, et le poids de ce ballon est alors augmenté d'une quantité appréciable; car on trouve de cette manière qu'un littre d'air pèse un gramme et tiers. Or, un litre d'eau pesant un kilogramme ou mille grammes, l'air pèsera environ 770 fois moins que l'eau sous le même volume. On a encore d'autres preuves de la pesanteur de l'air par l'emploi du baromètre et de différents appareils mis en rapport avec la machine pneumatique. Nous allons parler ici du baromètre, de sa construction variée et de ses usages.

Pour composer le *baromètre* le plus simple, on prend un tube de verre, fermé par un bout, ouvert par l'autre et d'une longueur d'environ 80 centimètres. On le remplit de mercure; et posant le doigt sur l'orifice, de manière à ne laisser aucune bulle d'air dans le tube, on retourne celui-ci, et on le fait plonger verticalement dans le mercure d'une cuvette, en retirant seulement alors le doigt qui tenait l'orifice bouché. Le mercure quitte la partie supérieure du tube, de telle manière qu'il forme dans ce tube une colonne verticale d'environ 76 centimètres au-dessus du niveau extérieur du mercure dans la cuvette. Si l'on incline un peu le tube, la colonne mercurielle s'allonge, mais en conservant la même hauteur dans le sens de la verticale, jusqu'à ce que tout le tube soit de nouveau plein de mercure ; ce qui prouve que l'espace abandonné par le liquide était vide d'air.

Pourquoi le mercure se soutient-il ainsi à une hauteur de 76 centimètres ? C'est que la surface du mercure dans la cuvette étant pressée par le poids de la colonne d'air atmosphérique qui repose dessus, il faut, pour l'équilibre, que tous les points de cette surface de niveau soient également pressés, y compris les points placés dans l'intérieur et à la base du tube. Ces derniers points, en l'absence de l'air, doivent donc être directement pressés par une colonne de mercure d'un poids égal à celui de l'air. Par conséquent, une colonne de 76 centimètres de mercure presse comme une colonne d'air atmosphérique, l'une et l'autre s'appuyant sur la même base.

Le mercure étant environ 13 fois et demie plus dense que l'eau, il faudrait une colonne d'eau tout autant de fois plus longue, c'est-à-dire d'environ 10 mètres, pour presser comme l'air atmosphérique sur la même base. En d'autres termes, si l'on faisait le vide au-dessus de l'eau, celle-ci ne pourrait s'élever, par la pression de l'air, que jusqu'à 10 mètres ; et c'est ce qui arrive, en effet, comme des fontainiers l'observèrent pour la première fois à Florence, du temps de Pascal, auquel on doit la découverte de la pesanteur de l'air ; car, avant lui, on s'imaginait que la nature ayant *horreur* du vide, l'eau montait dans les tuyaux de pompe, à cette seule fin d'y remplir le vide occasionné par l'ascension du piston.

Quelle que soit la largeur de la cuvette, comparée au diamètre du tube, il est clair que les variations de la hauteur du mercure dans le tube sont accompagnées de variations dans la cuvette, en sorte que si le mercure monte dans le tube, il baisse un peu dans la cuvette, et réciproquement. Pour obvier à cet inconvénient, qui nécessite un déplacement continuel du zéro de l'échelle servant à mesurer la longueur de la colonne mercurielle, Fortin a imaginé de remplacer le fond fixe de la cuvette par une membrane en peau, qu'une vis fait monter ou descendre à volonté, de manière à ramener toujours au même point le niveau du mercure dans la cuvette.

Gay-Lussac a substitué à la cuvette du baromètre la petite branche d'un tube recourbé en U, dont la grande branche, fermée par le haut, sert de tube barométrique. Alors la longueur de la colonne mercurielle est mesurée par la différence des colonnes de mercure dans les deux branches du tube, puisque en réalité l'air extérieur ne fait équilibre qu'à cette différence. Pour rendre ce baromètre portatif, le coude du tube recourbé est formé d'un tube à très-petit diamètre, dans lequel l'air ne peut que très-difficilement rompre la colonne de mercure. Cependant un choc violent opère cette rupture, et l'air extérieur finit souvent par arriver dans la grande branche du baromètre.

Mais cet inconvénient ne peut se présenter dans le baromètre à siphon de Bunten (fig. 65), le seul qui puisse réellement se transporter à de grandes distances. Au bas et dans l'intérieur de la longue branche de ce baromètre se trouve une cloison de verre, ouverte à son milieu par un petit tube ou pointe effilée *a*. Le mercure traverse cette pointe, qui établit la communication entre les deux branches A et B du baromètre; mais l'air qui tendrait à passer de la petite dans la grande branche suivrait les parois du tube et s'arrêterait à la cloison, d'où il est facile de le faire rétrograder.

Nous avons déjà dit que le tube barométrique doit être rendu bien vertical, et que, dans cette position, on mesure la différence de hauteur du mercure dans la cuvette et dans le tube, et cette différence dans les deux branches du baromètre à siphon. A cet effet, une échelle divisée en millimètres est appliquée le long de la colonne barométrique, et l'on pointe, dans

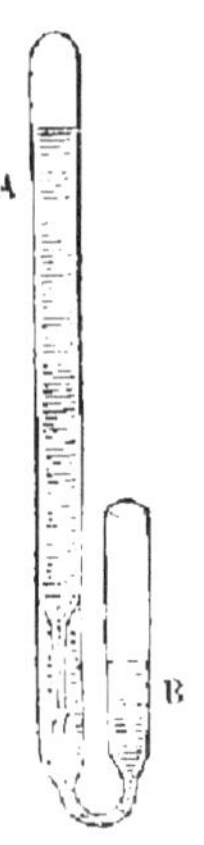

Fig. 65.

une direction bien horizontale, les extrémités de cette colonne, aux sommets des surfaces convexes qu'elle présente, par suite de la tendance du mercure à s'arrondir en goutte. On met la plus grande précision dans cette mesure, en s'aidant d'un vernier, pour apprécier les dixièmes de millimètre.

La colonne barométrique diminue quand on s'élève sur les montagnes, et s'allonge quand on descend au bord de la mer. La raison en est que plus on s'élève dans l'atmosphère, et moins il reste d'air pour presser sur le mercure. Par conséquent le baromètre est un instrument précieux pour mesurer la hauteur des montagnes, ou les différences de niveau, par l'observation simultanée de la pression de l'air aux diverses stations que l'on considère.

Sachant que l'air pèse environ dix mille fois moins que le mercure, on voit de suite que la colonne du baromètre ne baissera que d'un millimètre quand on s'élèvera de dix mille millimètres, c'est-à-dire de dix mètres. Ainsi, quand on ne s'élève pas beaucoup au-dessus de la surface des mers, une variation de un, ou deux, ou trois, etc. millimètres dans la colonne barométrique, accusera une différence d'environ un, ou deux, ou trois, etc. décamètres. Mais il faut aussi tenir compte de la température, qui change plus ou moins la densité de l'air, et par suite le poids d'une colonne atmosphérique de longueur déterminée. Il y a encore plusieurs autres corrections dépendantes de la latitude, de la hauteur des stations, de l'état d'humidité de l'air, des vents, etc.

2. Loi de Mariotte.

L'air est éminemment élastique, c'est à dire que son volume diminue quand la pression augmente, et que le volume s'accroît lorsque la pression diminue ; en sorte que le volume redevient toujours le même quand la pression redevient aussi la même, si, bien entendu, la température de l'air n'a pas varié. En cela, l'air est comme un ressort qui ne se dérangerait jamais. On reconnaît l'existence de cette force de ressort, en faisant jouer un piston dans un tube fermé qui contient de l'air atmosphérique.

Mariotte a fait voir que le volume d'un gaz est en raison inverse de sa pression, et cette grande loi, applicable à tous les fluides élastiques, a reçu le nom de son inventeur. Ainsi le volume est réduit à moitié si la pression est doublée ; au tiers, si la pression est triplée, etc. Réciproquement, le volume est doublé, si la pression est réduite à moitié ; il est triplé, si la pression est réduite au tiers, etc.

Pour démontrer la loi de Mariotte, on se sert d'un tube de verre recourbé par le bas en deux parties très-inégales, fermé à sa petite branche et ouvert à sa grande branche. On emprisonne de l'air dans la première, à l'aide d'un peu de mercure versé par la seconde. Cet air étant à la pression atmosphérique, si l'on vient à remplir la grande branche avec du mercure, le poids de ce liquide comprimera l'air renfermé dans la petite branche du tube, et quand le volume de cet air sera réduit à moitié, on trouvera que la différence des colonnes mercurielles dans les deux branches est précisément égale à la colonne du mercure dans un baromètre observé au même instant. Ainsi, l'air réduit à la moitié de son volume, subit une double pression barométrique. On trouve de même que l'air est réduit au tiers de son volume quand sa pression est triplée, etc.

3. Machine pneumatique.

La *machine pneumatique* (fig. 66) se compose d'un gros tube ou corps de pompe A, dans lequel joue un piston P. Une première sou-

...ape S est placée à la base du corps de pompe, et s'ouvre de bas en ...aut. Une deuxième soupape S' est adaptée au canal du piston, et ...'ouvre aussi de bas en haut. La ...remière soupape est placée à l'ori-...ce d'un petit canal B qui va s'ou-...rir sous une cloche renversée C, ...u *récipient*, dont les bords, garnis ...e suif, s'appuient exactement sur ...n plateau de verre dépoli D, ...ommé la *plate-forme*. En faisant ...onter le piston, il se forme un vide ...ue vient remplir aussitôt l'air du ...écipient, qui soulève la soupape ...férieure, tandis que la soupape ...upérieure reste fermée par l'effet ...e la pression de l'air extérieur. En ...isant baisser le piston, l'air situé

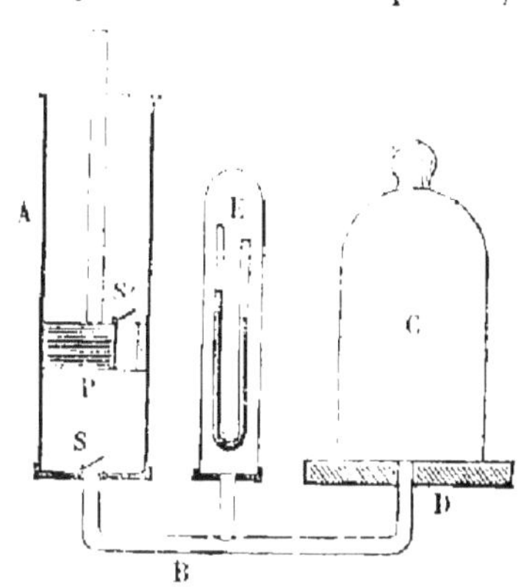

Fig. 66.

...ans le corps de pompe est comprimé et finit par soulever la soupape ...upérieure, pour se dégager dans l'atmosphère. C'est par ce mouve-...ent alternatif du piston que l'on parvient à faire le vide d'air sous ... récipient, et dans tout autre vase communiquant.

Telle serait la machine pneumatique simple. Ordinairement on y ...dapte deux corps de pompe; l'un des pistons s'élève tandis que ...autre s'abaisse : d'où il suit qu'on est débarrassé de la pression de ...air extérieur qui s'équilibre sur les deux pistons, et qu'il reste seu-...ment à vaincre les frottements et la différence des pressions de l'air ...nfermé dans les corps de pompe.

On place sous le récipient, ou mieux dans un gros tube communi-...uant, une *éprouvette* E destinée à mesurer la pression de l'air qu'il ...nferme. Cette éprouvette est un petit tube de verre à deux branches ...erticales, dont l'une est ouverte, et l'autre fermée et pleine de mer-...ure. Par la diminution de pression de l'air, la colonne de mercure ...aisse dans cette seconde branche et monte dans la première; telle-...ent que, si le vide était parfait, la colonne mercurielle serait la ...ême dans les deux branches. Si la différence est d'un, ou de deux, ...u de trois millimètres, on dit que le vide est à un, ou deux, ou trois ...illimètres de mercure.

La *machine à compression* repose sur les mêmes principes que *la* ...achine pneumatique : seulement les soupapes, au lieu de s'ouvrir ...e bas en haut, s'ouvrent de haut en bas. En faisant descendre le ...iston, l'air comprimé dans le corps de pompe ouvre la soupape infé-...eure et pénètre dans le récipient; et faisant remonter le piston, l'air extérieur afflue dans le corps de pompe, en ouvrant la soupape supérieure. Le récipient est ordinairement un vase métallique à parois épaisses, au col duquel est adapté un corps de pompe.

4. Pompes.

La *pompe aspirante* (fig. 67) est formée d'un tube A (dit corps de pompe) dont l'extrémité inférieure pénètre dans l'eau E d'un puits ou d'une rivière; d'un *piston* P, ou cylindre, qui glisse à frottement dans l'intérieur de ce tube; enfin, de deux *soupapes*, ou couvercles mobiles et à charnières. La soupape inférieure S est adaptée au tube; elle s'ouvre de bas en haut, pour laisser monter l'eau, et retombe de haut en bas pour empêcher le liquide de descendre. La soupape supérieure S' est adaptée au piston, qui se trouve percé de part en part; cette soupape s'ouvre de bas en haut pour laisser passer l'eau à travers le canal du piston, et se referme de haut en bas pour empêcher le liquide de redescendre. Cela posé, au moyen d'un levier attaché à la tige du piston, on fait descendre ce piston jusqu'au contact de la soupape inférieure, l'air placé entre cette soupape et le piston soulevant la soupape supérieure

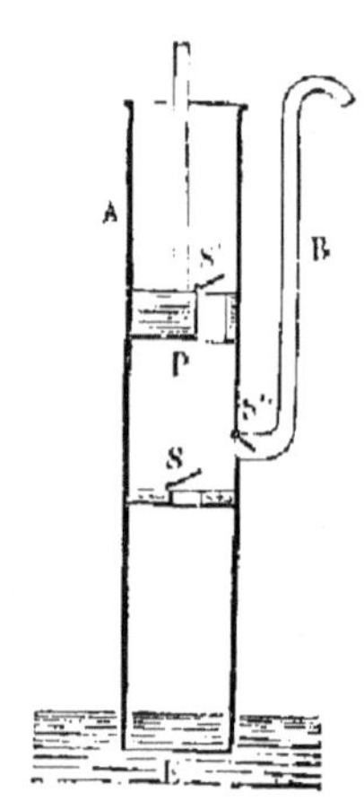

Fig. 67.

pour s'écouler. On fait ensuite remonter le piston, ce qui occasionne un vide que vient remplir l'air placé au-dessous de la soupape inférieure : l'eau monte alors dans le tube, vu que la pression de l'air y est moindre qu'à l'extérieur. En continuant ainsi à faire alternativement descendre et monter le piston, l'eau finit par atteindre la soupape inférieure, par s'introduire entre celle-ci et le piston, par dépasser le piston lui-même et finalement couler au dehors.

La *pompe foulante* ne diffère de celle-là que par la position de la soupape supérieure S″, qui au lieu d'être adaptée au piston (lequel est parfaitement plein), est placée à l'entrée d'un second tube B, communiquant avec le tube principal ou corps de pompe, au-dessus de la soupape inférieure. Quand l'eau a pénétré entre celle-ci et le piston, elle se trouve poussée, par la descente du piston, dans le tube latéral, dont elle ouvre la soupape, laquelle se renferme aussitôt. Le tube latéral se remplit donc de plus en plus, et le liquide finit par déborder à la partie supérieure.

Quand la soupape inférieure de la pompe foulante est plus ou moins élevée au-dessus du niveau de l'eau, celle-ci est d'abord aspirée comme par une pompe simplement aspirante ; puis, arrivée au-dessus de la soupape en question, cette eau est refoulée dans le tube latéral par la descente du piston, en sorte que la pompe est en même temps aspirante et foulante. Le tube latéral se remplit donc de plus en plus, et le liquide finit par déborder à la partie supérieure. On peut ainsi refouler l'eau à une hauteur quelconque; mais on ne peut l'aspirer que jusqu'à une hauteur de dix mètres, mesurée entre le niveau extérieur du liquide et la soupape inférieure.

5. Siphon.

Un *siphon* est un tube recourbé, dont l'une des branches est plus longue que l'autre, et qui sert à transvaser les liquides. A cet effet, on *amorce* le siphon, c'est-à-dire qu'on le remplit du liquide en question, soit directement, soit en aspirant par la grande branche le liquide dans lequel plonge la petite branche. Alors l'écoulement continue de lui-même, tant que le niveau du liquide, dans le vase où il coule, est au-dessous du niveau dans l'autre vase.

Pour expliquer cet écoulement à travers le siphon, il suffit de remarquer que le liquide contenu dans le siphon tend à tomber dans l'une et l'autre branche ; mais alors il se ferait un vide au coude du siphon. C'est alors le liquide de la grande branche qui tombe comme étant le plus pesant, et c'est le liquide de la petite branche qui s'élève pour combler le vide produit dans la grande branche, pour tomber à son tour et être remplacé par une nouvelle portion de liquide aspirée par la petite branche. L'écoulement cesserait si la colonne du liquide venait à se diviser.

XXXVIII.

1. LE SON. — 2. SA PRODUCTION. — 3. SA VITESSE DANS L'AIR.

1. Le son.

Le *son* résulte d'un mouvement très-rapide de va-et-vient dans les corps : ce mouvement se communique aux molécules d'air environnantes, et se propage en rayonnant dans toutes les directions avec une grande rapidité. Il faut, de plus, que ce mouvement produise sur l'oreille, qui est l'organe de l'ouïe, une sensation déterminée ; car il y a des mouvements *vibratoires* qui ne produisent pas de son pour notre organe.

2. Sa production.

Le moyen le plus simple d'engendrer une *onde sonore*, est de pincer fortement une petite lame par l'un de ses bouts, et de la faire vibrer par l'autre bout, en l'écartant un peu de sa position d'équilibre, pour l'abandonner à elle-même ; car la lame oscillera, de part et d'autre de cette position d'équilibre, absolument comme un pendule que l'on a écarté de la verticale, mais avec une rapidité incomparablement plus grande. Lorsque la lame s'avance d'un côté, elle pousse l'air devant elle, et le *condense ;* elle occasionne derrière elle un certain vide. qui *raréfie* l'air. Quand elle revient en sens contraire, elle raréfie l'air qu'elle venait de condenser, et condense l'air qu'elle venait de raréfier. Eh bien ! ce sont ces condensations et raréfactions alternatives de la couche d'air, immédiatement en contact avec la lame, qui, dans ce cas, constituent les ondes sonores. D'abord dirigées dans deux directions seulement, elle dévient bientôt dans tous les sens, et finissent par se propager dans l'air, en formant des ondes sphériques, dont le centre commun est la plaque *vibrante.*

Quand un corps solide. par exemple un métal très-élastique, vient à être frappé en l'un de ses points, il y a un son produit ; car, sous le choc, la surface du métal s'est un peu enfoncée ; et, après le choc, l'élasticité l'a fait revenir à son ancienne configuration, qu'elle a dépassée par l'effet d'une vitesse acquise, d'où sont résultées des vibrations extrêmement rapides. En frappant une cloche, tout le contour de cette cloche change infiniment peu, s'allongeant et se raccourcissant alternativement dans la direction du choc. Enfin, une corde tendue que l'on fait vibrer, soit en la frottant avec un archet, soit en la pinçant ou la frappant, pousse alternativement l'air des deux côtés, et produit des sons. En général toutes les ondes sonores résultent d'un mouvement très-rapide de va-et-vient, qui se communique nécessairement à l'air en contact.

3. Sa vitesse dans l'air.

Si l'on suppose, par la pensée, une seule vibration en un certain point, laquelle aura produit dans l'air telles condensations et raréfactions que l'on voudra, on prouve, et l'expérience confirme ce fait, que l'onde sonore se propage dans un canal rectiligne en conservant toujours sa forme et son intensité primitives, soit dans l'une, soit dans l'autre direction. Elle parcourt ainsi 333 mètres par seconde, l'air étant à la pression de 76 centimètres de mercure et à la température zéro ; car la vitesse s'accroît quand la température s'élève sans que la pression diminue.

Dans l'air atmosphérique, l'onde sonore se propage sphériquement ; elle conserve la forme qu'elle avait à l'origine, mais les condensations et raréfactions diminuent progressivement d'intensité, et l'onde s'efface peu à peu, comme un tableau dont on affaiblirait les couleurs. La vitesse de propagation est encore de 333 mètres par seconde.

Pour mesurer la vitesse du son dans l'air, on fait l'expérience suivante durant une nuit calme et sereine. Des coups de canon sont tirés à intervalles de temps convenus, et des observateurs placés à une grande distance, et de manière à voir la lumière produite par l'inflammation de la poudre, comptent, à l'aide d'excellents chronomètres à secondes, l'intervalle du temps qui s'écoule entre la lumière et la détonation. La lumière se propageant avec une vitesse assez grande pour qu'on puisse négliger le temps de cette propagation, l'intervalle ainsi mesuré donnera le temps de la propagation du son, d'une station à l'autre. On prend la moyenne de beaucoup de résultats ainsi obtenus. Enfin divisant la distance des deux stations par le nombre de secondes employé par le son qui l'a franchie, on a le chemin fait par l'onde sonore en une seconde, à la température et à la pression de l'air que l'on observe en même temps, pour passer, par le calcul, à la propagation qui aurait lieu dans une atmosphère à la température zéro, et à la pression de 760 millimètres de mercure.

XXXIX.

1. DILATABILITÉ DES CORPS PAR LA CHALEUR. — 2. THERMOMÈTRE.

1. Dilatabilité des corps par la chaleur.

Un des effets les plus remarquables de la chaleur sur tous les corps est le changement de volume qu'elle y produit. En général, un corps qui s'échauffe augmente de volume, et un corps qui se refroidit diminue de volume. L'augmentation de volume est la *dilatation*, et la diminution s'appelle *contraction* ; l'une et l'autre se font suivant les trois dimensions des corps. Ce sont ces dilatations et ces contractions que l'on a prises pour mesure de la chaleur sensible ou de la température des corps, et les instruments imaginés dans ce but ont reçu le nom de *thermomètres*. La forme des thermomètres, leur nature et leur graduation ont beaucoup varié; nous ne parlerons ici que de ceux auxquels on s'est arrêté généralement.

La dilatation d'un corps solide par la chaleur a lieu en longueur, en largeur et en épaisseur, proportionnellement à ces trois dimensions et à la variation de température; c'est-à-dire que, si une unité de longueur s'étend d'un millième pour un degré de réchauffement, elle s'étendra du double pour deux degrés, et ainsi de suite; et que deux unités de longueur auront une dilatation double de la dilatation d'une seule unité, pour le même accroissement de température.

La fraction qui exprime la dilatation d'une unité de longueur pour un degré de réchauffement, est ce que l'on nomme le *coefficient de dilatation*. Il faut le doubler pour avoir le coefficient de la dilatation en surface, et le tripler pour avoir le coefficient de la dilatation en volume. La capacité d'un vase se dilate précisément comme le ferait un même volume plein de la matière du vase. Ainsi la dilatation *réelle* d'un liquide renfermé dans un vase est égale à sa dilatation *apparente*, augmentée de toute la dilatation réelle du vase.

Les solides se dilatent moins que les liquides, et ceux-ci moins que les gaz. Par exemple, le coefficient de la dilatation linéaire du verre étant 0,0000086, le coefficient de la dilatation en volume sera 0,0000258. Pour le mercure le coefficient de la dilatation en volume est 0,00018, ou environ 7 fois plus grand que pour le verre.

Pour déterminer la dilatation d'un corps solide, on le prend sous forme d'une règle plate ou d'une tige ronde, que l'on appuie par un bout contre un obstacle fixe; on examine la marche de son autre bout, en tenant ce corps dans un liquide porté à diverses températures.

Quand il s'agit d'un liquide, sa dilatation se mesure dans un vase formé d'une matière dont on connaît la dilatation, sachant d'ailleurs que la dilatation d'un vase est la même que si ce vase était massif et non pas creux. Ce vase doit se terminer par un tube d'un très-petit diamètre, dans lequel le liquide pénètre et marche d'une quantité notable par chaque variation de température suffisante. Connaissant la dilatation *apparente* du liquide dans le vase, on y ajoute la dilatation du vase, et la somme exprime la dilatation *réelle* du liquide.

Pour les gaz, on les renferme dans un tube thermométrique, en ayant soin de placer dans le tube une petite colonne ou index de mercure qui sépare le gaz de l'air extérieur. La marche de cet index indiquera la dilatation apparente du gaz ; d'où l'on conclut, comme tout à l'heure, la dilatation réelle.

La dilatation des solides et des liquides est sensiblement uniforme ; mais cette régularité n'existe plus lorsque les solides approchent de leur point de fusion, et les liquides de leur point de congélation.

On a trouvé que tous les gaz se dilatent à peu près de la même quantité pour le même accroissement de température. Cette dilatation, en volume, est de la fraction 0,00366 pour chaque degré centigrade, en prenant pour unité le volume du gaz à la température zéro.

2. Thermomètre.

A l'une des extrémités d'un *tube* de verre d'un très-petit diamètre intérieur, on soude un *réservoir*, qui a la forme d'une boule ou d'un gros cylindre arrondi par les deux bouts ; puis on remplit ce réservoir et une partie du tube d'un liquide, qui est ordinairement du mercure, et quelquefois de l'alcool ou de l'esprit-de-vin coloré en rouge. En chauffant le liquide, on chasse l'air, et l'on ferme à la lampe l'extrémité du tube. Cela fait, on plonge l'instrument dans un vase rempli de glace fondante, et l'on marque sur le tube l'extrémité de la colonne liquide, devenue stationnaire ; ensuite on porte l'instrument au-dessus d'un bain d'eau bouillante, en plongeant le réservoir dans la couche superficielle de ce bain, et l'on fait une seconde marque sur le tube, au bout de la colonne liquide, qui s'est considérablement allongée.

Ayant les deux points de la glace fondante et de l'eau bouillante, on divise leur intervalle sur le tube en 100 parties égales ou *degrés*. Rien n'empêche ensuite de prolonger cette *graduation*, tant au-dessous du point de la glace fondante qui doit être marqué zéro, qu'au-dessus du point de l'eau bouillante, qui est marqué 100. Les degrés peuvent ainsi dépasser 100 ; mais les degrés inférieurs à 0 sont réputés négatifs, et doivent être précédés du signe — ; et l'on peut, si l'on veut, mettre le signe + en avant des degrés supérieurs à 0, lorsqu'on inscrit les indications de ce thermomètre, nommé *centigrade*.

La température d'un corps est donc son état thermométrique, c'est-à-dire le nombre de degrés que marque un thermomètre mis en contact intime avec ce corps. L'air atmosphérique varie beaucoup en température suivant les saisons ; et plus encore suivant la latitude. Ainsi, cette température de l'air peut s'élever jusqu'à 40 degrés centigrades, et baisser jusque vers 50 degrés sous zéro. Or, le mercure gelant vers 40 degrés sous zéro, il est nécessaire, pour mesurer les températures des régions polaires, d'employer des thermomètres à alcool, liquide dont on n'a pu encore produire la congélation. Il est vrai que les instruments de cette espèce donnent des indications moins régulières que celles des thermomètres à mercure; alors on doit étudier la marche du thermomètre à alcool, en la comparant aux indications d'un thermomètre à *air*, c'est-à-dire rempli d'air qui, en se dilatant et se contractant, fait marcher un index ou petite colonne liquide; car on verra plus loin que l'air se dilate uniformément à toute température.

On vient de voir que le thermomètre centigrade comprend 100 degrés entre la glace fondante et l'eau bouillante. Deluc et Réaumur avaient divisé le même intervalle en 80 degrés. Pour convertir les degrés du *thermomètre de Réaumur* en degrés du thermomètre centigrade, il faut donc les augmenter du quart ou les multiplier par la fraction $\frac{5}{4}$. Réciproquement, il faut diminuer les degrés centigrades d'un cinquième ou les multiplier par $\frac{4}{5}$, pour reproduire les degrés de Réaumur, dont l'usage est encore très-répandu.

Le thermomètre de Fahrenheit, employé par les Anglais, est tel, que la glace fondante est marquée 32 degrés, et l'eau bouillante 212 degrés; en sorte que l'intervalle entre ces deux points comprend 180 degrés, au lieu des 100 degrés du thermomètre centigrade, et des 80 degrés du thermomètre de Réaumur.

XL.

1. CHALEUR RAYONNANTE. — 2. RÉFLEXION DE LA CHALEUR. ÉMISSION ET ABSORPTION.

1. Chaleur rayonnante.

La communication de la chaleur se fait à distance par voie de rayonnement. Il faut savoir que tous les corps émettent des *rayons de chaleur*, qui se propagent avec une extrême rapidité. Cette chaleur, dite *rayonnante*, s'en va dans toutes les directions et s'atténue, en se divisant, proportionnellement au carré de la distance au point rayonnant.

Dans une enceinte dont la température est uniforme le rayonnement n'en existe pas moins, car tous les points reçoivent autant de rayons qu'ils en émettent. S'il y avait des corps à des températures différentes, les plus chauds rayonneraient plus qu'il ne recevraient, et par conséquent se refroidiraient ; au contraire, les corps froids, recevant plus de rayons qu'ils n'en émettent, se réchaufferaient ; et cet échange inégal subsisterait jusqu'à ce que l'équilibre de température fût rétabli.

Quand plusieurs corps, diversement échauffés, sont en présence les uns des autres, le rayonnement de la chaleur s'opère entre eux au profit des moins échauffés, dont la température s'élève, et au détriment des plus échauffés, dont la température diminue. Cet échange inégal s'opère jusqu'à ce que l'équilibre de température ait lieu ; dans ce cas, le rayonnement ne s'arrête pas, et chaque corps absorbe autant de rayons qu'il en émet, en sorte que sa température ne varie plus.

Les rayons de chaleur ont encore une autre propriété, c'est de passer à travers certains corps sans les échauffer. La transmission se fait en ligne droite ou en ligne brisée, suivant que les faces d'entrée et de sortie sont ou non perpendiculaires à ces rayons. De tous les corps *diathermaux*, c'est le sel de cuisine naturellement cristallisé qui possède cette propriété au plus haut degré. Les corps transparents ne sont pas toujours les plus diathermaux, et il y en a de tout à fait opaques qui laissent néanmoins passer les rayons de chaleur.

La chaleur rayonnante traverse les corps d'autant plus facilement qu'elle vient d'une source plus échauffée, plus lumineuse. Après avoir traversé une première lame de verre, par exemple, elle éprouve moins de perte en traversant une seconde lame, et encore moins en passant à travers une troisième, de la même manière que si les rayons se trouvaient tamisés aux premières lames.

2. Réflexion de la chaleur. Émission et absorption.

On a remarqué qu'un corps échauffé, dont la surface est polie, se refroidit moins vite que lorsque la surface est couverte d'aspérités, par exemple, rayée en sens divers ; et réciproquement, le corps étant froid, s'échauffera moins, sous l'influence des corps environnants, si sa surface est polie.

Le refroidissement et le réchauffement sont modifiés par la couleur du corps. Ainsi le corps dont la surface est noire perdra ou acquerra de la chaleur plus rapidement que si la surface est blanche.

Il est encore une autre cause qui diversifie le phénomène en question : c'est l'état de dureté du corps. Par exemple, un métal écroui, c'est-à-dire fortement comprimé, soit à coups de marteau, soit par la pression d'un laminoir, perd ou acquiert de la chaleur moins vite que si ce métal était recuit, c'est-à-dire rougi au feu et refroidi lentement.

On nomme pouvoir *rayonnant* ou pouvoir *émissif*, la faculté qu'a un corps de rayonner plus ou moins de sa chaleur propre. Ainsi, dans les mêmes circonstances, le noir de fumée et l'eau émettent dix fois plus de rayons calorifiques que les métaux polis.

Des rayons calorifiques qui viennent rencontrer la surface d'un corps, les uns pénètrent dans l'intérieur de ce corps, qui les absorbe; tandis que les autres sont réfléchis par une surface, comme la lumière sur un miroir, en formant de part et d'autre de la normale des angles d'incidence et de réflexion égaux entre eux. Le *pouvoir absorbant* d'un corps exprimera donc la proportion des rayons incidents qu'il admet dans son intérieur, et qui élèvent sa température. Le *pouvoir réfléchissant*, qui est le complément du précédent, indique la proportion des rayons incidents qui se trouvent réfléchis, sans augmenter la température du corps.

Le pouvoir émissif et le pouvoir absorbant sont égaux entre eux, puisque les rayons trouvent la même facilité à sortir d'un corps qu'à y pénétrer : par conséquent, ce sont les métaux polis qui ont les moindres pouvoirs émissifs et absorbants, comme jouissant au plus haut degré du pouvoir réfléchissant.

Pour mesurer le pouvoir rayonnant des corps, et par suite leur pouvoir absorbant, on se sert d'un cube dont les faces sont formées de divers métaux, ou du même métal recouvert de différents enduits; on remplit ce cube d'eau chaude dans laquelle on met un thermomètre, pour s'assurer de l'invariabilité de température du liquide. On tourne successivement chacune des faces du cube vers un miroir, qui réfléchit et concentre les rayons calorifiques sur un thermomètre, lequel indiquera des accroissements de tempérance proportionnels aux pouvoirs rayonnants des faces du cube.

Lorsque la chaleur rayonnante tombe sur la surface d'un corps, tout ce qui n'est pas absorbé par ce corps se trouve *réfléchi*, c'est-à-dire renvoyé sous forme de rayons, soit dans une direction déterminée, soit en sens divers. Dans le premier cas, on a une réflexion de chaleur dite *spéculaire;* dans le second cas, la réflexion est *diffuse.*

La réflexion spéculaire est telle que le rayon calorifique incident, et le même rayon réfléchi, sont dans un même plan mené par la normale à la surface au point d'incidence. De plus, la normale fait avec le rayon réfléchi le même angle qu'avec le rayon incident, ces deux rayons étant de part et d'autre de la normale.

Quant à la réflexion diffuse, elle provient des aspérités de la surface du corps rayonnant, aspérités dont les facettes renvoient les rayons de chaleur, chacune suivant la loi indiquée par la réflexion spéculaire. A mesure que l'on polit la surface du corps, la réflexion spéculaire augmente au détriment de la réflexion diffuse.

Les rayons qui viennent du soleil sont sensiblement parallèles entre eux. Reçus à la surface d'un miroir métallique tourné vers le soleil, ces rayons y sont réfléchis en majeure partie; ils viennent s'entre-croiser en un point commun, qui est le *foyer* du miroir, et produisent en ce point une chaleur très-intense, capable d'enflammer les matières végétales.

Réciproquement, si l'on place un corps chaud, par exemple un boulet de fer rougi, au foyer d'un miroir métallique, les rayons qui viendront tomber sur ce miroir seront presque tous réfléchis parallèlement à l'axe de ce miroir; et si l'on reçoit ce faisceau de rayons sur un autre miroir placé en face du premier, les rayons, réfléchis pour la seconde fois, viendront s'entre-croiser au foyer du second miroir, en y produisant une chaleur de beaucoup supérieure à celle qui vient directement du boulet, et capable d'allumer de l'amadou.

Si, au lieu d'un corps chaud, on place un corps froid, comme la glace, au foyer de l'un des miroirs précédents, le foyer de l'autre miroir recevra beaucoup moins de rayons qu'il n'en émet en sens contraire; et un corps placé à ce second foyer se refroidira, absolument de la même manière que si la glace avait envoyé des rayons *frigorifiques*, comme on l'avait cru d'abord.

XLI.

1. CHANGEMENT D'ÉTAT DES CORPS. — 2. FUSION, SOLIDIFICATION, VAPORISATION, LIQUÉFACTION. — 3. DÉFINITION DE LA CHALEUR LATENTE.

1. Changement d'état des corps.

Par l'accumulation graduelle de la chaleur, les corps passent, en général, de l'état solide à l'état liquide, et de ce dernier à l'état de vapeur ou de fluide élastique. Réciproquement, un refroidissement graduel liquéfie les vapeurs et solidifie les liquides. Nous disons, en général, car il y a des corps solides qu'on n'a pu encore liquéfier; d'autres, qui passent immédiatement de l'état solide à l'état gazeux; enfin, il y a des liquides qu'on n'a pu encore amener à congélation, et des gaz qui n'ont pu être ni liquéfiés ni solidifiés.

L'eau, en se gelant, prend un volume plus grand d'environ un quinzième. C'est à cet accroissement de volume qu'est due la rupture des vases fermés dans lesquels la congélation surprend l'eau. La plupart des corps éprouvent un accroissement subit de volume en passant de l'état liquide à l'état solide, surtout lorsqu'il y a cristallisation. Quant aux vapeurs, elles acquièrent un volume considérable, eu égard à celui des liquides qui les engendrent.

La chaleur et le froid ne sont pas les seuls moyens employés pour changer l'état des corps. On y arrive encore par certaines actions chimiques et par quelques procédés mécaniques. Ainsi beaucoup de corps solides se liquéfient au contact d'un autre liquide; ainsi les vapeurs se condensent par une pression suffisamment forte.

2. Fusion, solidification, vaporisation, liquéfaction.

La *fusion* d'un corps est son passage de l'état solide à l'état liquide. Elle est de deux espèces. La première est la *fusion ignée*, due à une accumulation suffisante de la chaleur, à une augmentation de la température. La seconde, dite *fusion aqueuse*, a lieu non-seulement par l'action de l'eau qui dissout un solide, mais encore par l'action chimique de tout autre liquide. Dans ce cas, le corps ainsi liquéfié se distribue également dans le liquide dissolvant, purement et simplement, ou bien en se combinant avec tout ou partie du liquide.

La *solidification* est le retour de l'état liquide à l'état solide. Elle a lieu quand la température du corps fondu s'abaisse suffisamment, ou bien lorsqu'on évapore le liquide dissolvant. Dans l'un et l'autre cas, surtout si la solidification se fait lentement, le corps précédemment liquéfié se dépose par voie de cristallisation.

On entend par *vaporisation* la production forcée de la vapeur à l'aide d'une chaleur artificielle. C'est ainsi que l'eau se transforme en vapeur dans toutes les machines où celle-ci joue un rôle.

Quant à l'*évaporation*, elle est spontanée. Un liquide, à la température de l'air ambiant, se transforme de lui-même en vapeur, à cause que l'espace environnant n'est pas saturé de vapeur, et jusqu'à ce que cette saturation ait lieu, auquel cas le liquide cesse de s'évaporer.

La *liquéfaction* est le retour de la vapeur à l'état liquide. On en parlera plus loin au paragraphe des vapeurs.

3. Définition de la chaleur latente.

Lorsque les corps passent d'un état à un autre, il s'y opère un changement subit sous le rapport de la chaleur. Ainsi, l'eau qui passe de l'état de glace à l'état liquide, exige, pour cette transformation, une grande quantité de chaleur qui ne laisse aucune trace de son existence ; et quand le liquide passe à l'état de vapeur, il absorbe une quantité encore plus grande de chaleur. Réciproquement, une vapeur qui vient à se liquéfier, et un liquide qui vient à se congeler, dégagent les mêmes quantités de chaleur qui avaient disparu dans les transformations en sens inverse. La chaleur qui disparaît et réapparaît dans les changements d'état des corps a reçu le nom de *chaleur latente*, par opposition à la *chaleur sensible* ou *thermométrique*, qui produit des sensations sur nos organes. Quand cette chaleur sensible augmente dans un corps, on dit que ce corps *s'échauffe*, et qu'il se *refroidit* lorsque cette chaleur diminue.

Nous prendrons pour unité de chaleur celle qui est nécessaire pour élever d'un degré du thermomètre centigrade la température d'un kilogramme d'eau.

Pour mesurer la chaleur latente de l'eau, on mélange rapidement de la glace à zéro avec de l'eau liquide suffisamment chaude ; et, quand la glace est toute fondue, on mesure la température du liquide, laquelle a baissé notablement. On trouve ainsi que la glace exige, pour se fondre, toute la chaleur nécessaire pour élever de 75 degrés centigrades un poids égal d'eau liquide ; tellement que si l'on mélange poids égaux de glace à zéro et d'eau à 75 degrés, on obtient le tout liquide à zéro. Dans le calcul des températures de semblables mélanges, on doit donc considérer de la glace à zéro comme de l'eau liquide à 75 degrés sous zéro.

XLII.

DÉMONSTRATION EXPÉRIMENTALE DE LA FORCE ÉLASTIQUE DES VAPEURS.

La force élastique des vapeurs croît avec la température, et se mesure par le poids de la colonne mercurielle qu'elle est capable de soulever. A la même température, les vapeurs produites par différents liquides n'ont pas la même élasticité. Ainsi, à température égale, la force élastique de la vapeur d'eau est plus grande que la force élastique de la vapeur de mercure, et moindre que la force élastique de la vapeur d'éther ; tellement que la force élastique de l'éther à 30 degrés centigrades, est la même que celle de l'eau à 100 degrés, la même que celle du mercure à 360 degrés, températures auxquelles ces trois vapeurs soulèvent la colonne atmosphérique.

Jadis on considérait les gaz et les vapeurs comme formant deux classes de fluides élastiques. Les gaz demeuraient fluides élastiques, quelles que fussent leur pression et leur température, tandis que les vapeurs cessaient d'être fluides élastiques, en se liquéfiant par un refroidissement ou une compression suffisante. Mais, depuis quelques années, on est parvenu à liquéfier la plupart des gaz, et il n'en reste plus que trois, savoir : l'oxygène, l'hydrogène et l'azote, qui aient échappé à la liquéfaction. Il est évident que tous les fluides élastiques doivent être assimilés aux vapeurs, et qu'il n'y a de différence entre eux que dans la plus ou moins grande persistance de leur élasticité.

La loi de Mariotte cesse d'être applicable à la vapeur, quand celle-ci restant à la même température, diminue par trop son volume en augmentant sa pression : et il arrive un terme où la pression est au *maximum* : si l'on réduit le volume de la vapeur au-dessous de cette limite, une partie de la vapeur se *condense*, c'est-à-dire redevient liquide, et se dépose sous forme de gouttelettes contre les parois du vase ; de telle manière que la pression reste à cet état maximum qu'elle avait atteint au commencement de la liquéfaction, et que le liquide, ainsi déposé, représente exactement la vapeur qui occupait la portion du volume éliminée depuis cet instant. Si donc on réduisait de moitié un volume de vapeur au maximum de pression, une moitié de cette vapeur se condenserait ; et si l'on revenait au volume primitif, le liquide ainsi produit repasserait tout entier à l'état de vapeur, sans que la vapeur ait cessé d'avoir sa pression, ou tension, ou force élastique maximum. C'est ce qu'on exprime en disant que la vapeur, à son maximum de pression, ne se laisse pas *comprimer*. L'espace qu'elle occupe alors est *saturé* de vapeur, et la vapeur est dite à *saturation*.

A toute température il y a une pression maximum pour la vapeur d'eau, comme on le verra par le tableau suivant, où les pressions maximum sont exprimées par des millimètres de mercure :

Températures	0°	5°	10°	15°	20°	25°	50°	100°
Pressions	6	7	9,5	12,8	17,3	23,1	88,7	760

On voit ainsi que la pression maximum de la vapeur à 100 degrés, est la même que celle de l'atmosphère, et voilà pourquoi la vapeur soulève alors l'air extérieur tout d'une masse, lorsqu'elle s'échappe du vase où elle bouillonne. Au delà de 100 degrés, la force élastique maximum de la vapeur s'accroît très-rapidement, et il est nécessaire de renfermer l'eau dans un vase à fortes parois, vu que la pression atmosphérique ne peut plus contre-balancer le ressort de la vapeur.

L'expérience de la production de la vapeur à une température plus grande que 100 degrés, se fait dans une marmite de Papin, ainsi désignée par le nom de son inventeur. C'est un vase métallique, dont le couvercle est maintenu en place par une vis de pression ou un levier chargé d'un poids suffisant. Lorsque l'eau de cette marmite a dépassé plus ou moins le terme d'ébullition dans les vases ouverts, on retire un bouchon placé au couvercle, et la vapeur s'échappe en sifflant et projetant une gerbe de vapeur vésiculaire, due à la condensation d'une portion de vapeur invisible. Ce jet dure jusqu'à ce que l'eau de la marmite retombe à 100 degrés, terme auquel la pression de l'atmosphère contre-balance la force élastique de la vapeur.

Quand il y a suffisamment d'eau dans une enceinte fermée, quelle que soit la température de l'enceinte, il s'y formera de la vapeur, qui finira toujours par arriver à son maximum de pression; en d'autres termes, l'enceinte se trouvera finalement saturée de vapeur.

XLIII.

DONNER UNE IDÉE DU PRINCIPE DES MACHINES A VAPEUR.

La vapeur, sous une pression maximum égale ou supérieure à celle de l'atmosphère, est employée à donner l'impulsion à des machines, dont la force peut être très-énergique. Les machines à vapeur sont dites à *basse pression* lorsque l'élasticité de la vapeur n'y dépasse pas la pression atmosphérique, auquel cas on agrandit indéfiniment la puissance des machines en élargissant les pistons que pousse la vapeur. Dans les machines dites *à haute pression*, la vapeur possède une force de plusieurs atmosphères.

La vapeur est produite par un feu de charbon, dans une vaste chaudière. De là elle se rend dans la partie inférieure d'un corps de pompe, dont elle soulève le piston. Quand celui-ci est arrivé à la fin de sa course ascendante, la vapeur placée en dessous trouve une issue pour s'échapper à l'extérieur, soit à l'air libre, soit dans un récipient plein d'eau où elle se condense. Au même instant, la vapeur de la chaudière arrive, par une autre issue, au-dessus du piston qu'elle pousse de haut en bas, pour s'échapper à son tour, et être remplacée par une nouvelle quantité de vapeur arrivant sous le piston. C'est ainsi que ce piston est poussé en sens divers par la force élastique de la vapeur, et qu'il met en mouvement toute espèce de machine employée dans l'industrie.

Quand la vapeur pousse ainsi le piston alternativement dans les deux sens, la machine est dite *à double effet*. Elle est *à simple effet*, quand la vapeur n'agit que pour soulever le piston, qui retombe ensuite par la simple pression atmosphérique, quand la vapeur, disparaissant du corps de pompe, laisse un vide au-dessous du piston.

XLIV.

1. ÉBULLITION, DISTILLATION, ÉVAPORATION, FROID PRODUIT PAR L'ÉVAPORATION. — 2. PROUVER QUE TOUS LES CORPS N'ONT PAS LA MÊME CAPACITÉ POUR LA CHALEUR. DÉFINITION DE LA CHALEUR SPÉCIFIQUE.

1. Ébullition, distillation, évaporation, froid produit par l'évaporation.

Si l'on conserve assez longtemps un vase plein d'eau et ouvert, on s'aperçoit que le niveau du liquide baisse graduellement, et que le liquide finit même par disparaître en totalité. Cela vient de ce que l'eau passe à l'état de fluide élastique ou de vapeur, et d'autant plus vite que l'air est plus chaud et se renouvelle plus souvent à la surface du liquide. Cette *évaporation* est néanmoins excessivement lente, et pour l'activer, il faut élever artificiellement la température de l'eau, la porter par exemple à 100 degrés, terme de son *ébullition*, qui est un dégagement plus rapide de la vapeur. Celle-ci est transparente et invisible comme l'air; mais, en arrivant dans un air plus froid, elle se liquéfie partiellement, et retombe sous forme de petites gouttelettes, qui donnent lieu à une espèce de brouillard. Remarquons enfin qu'un corps humide se dessèche par l'évaporation spontanée de l'eau qu'il renferme dans ses pores.

On a vu qu'une colonne verticale de mercure de 76 centimètres de hauteur fait équilibre à la pression de l'air, et qu'il ne reste rien au-dessus de la colonne mercurielle dans le tube d'un baromètre; cet espace est ce qu'on nomme le vide barométrique. Si l'on y introduit une goutte d'eau, on voit celle-ci disparaître en tout ou en partie, et la colonne de mercure diminuer d'une manière très-sensible, comme d'un ou deux centimètres. C'est qu'alors le vide barométrique s'est

rempli de vapeur d'eau invisible, ayant une force élastique nécessairement représentée par la dépression de la colonne mercurielle, car le poids de la goutte d'eau introduite est nul en compa-
raison.

Il se forme donc de la vapeur dans le vide, et ce n'est pas l'air qui
donne lieu à l'évaporation de l'eau; au contraire, la présence de
l'air est un obstacle à la production rapide de la vapeur; car si l'on
met sous le récipient d'une machine pneumatique un vase rempli
d'eau, et qu'on fasse rapidement le vide, l'eau entre un instant
comme en ébullition, tant est rapide le dégagement de la vapeur;
nous disons *un instant*, car bientôt l'agitation du liquide cesse, de
même que si l'évaporation avait un terme, et c'est en effet ce qui a
lieu, comme nous le verrons ci-après.

Quand on a de la vapeur sans eau dans un tube vertical, fermé
par le haut, ouvert par le bas et plongeant dans un bain de mercure, si l'on vient à augmenter l'espace occupé par cette vapeur, en
retirant plus ou moins le tube hors du bain de mercure, sans toutefois qu'il cesse d'y plonger, on trouve que la force élastique de la
vapeur est d'autant moindre que son volume est plus grand, et réciproquement, ce qui est la loi de Mariotte pour les gaz.

Si l'on chauffe cette même vapeur, toujours débarrassée d'eau, on
trouve qu'elle se dilate de la fraction 0,00366 ou $\frac{1}{273}$ de son
volume à zéro pour chaque degré d'augmentation en température,
absolument comme les gaz ordinaires. Ainsi, la vapeur d'eau, et
celle de tous les autres liquides, obéissent aux mêmes lois que l'air,
sous le rapport des pressions et des dilatations par la chaleur.

Toutes les fois qu'un liquide est pur et en quantité suffisante, il
produit, dans un espace limité, une vapeur qui arrive toujours à
son maximum de tension, quelle que soit la température. Mais cette
quantité de vapeur change quand le liquide n'est pas pur. Lorsque,
par exemple, l'eau renferme du sel marin en dissolution, la vapeur
qu'elle produit atteint une force élastique moindre qu'auparavant,
et d'autant moindre que la quantité de sel est plus considérable, la
température étant d'ailleurs la même.

La vapeur se forme dans l'air en même quantité que dans le vide,
mais sa production y est bien moins rapide, par suite de l'obstacle
tout mécanique qu'elle rencontre dans ce gaz. Pour les calculs relatifs aux mélanges des gaz et des vapeurs, il faut considérer les vapeurs comme existant seules. Par exemple, ayant de l'air sous la
pression de 760 millimètres dans un vase fermé, où l'on introduit
assez d'eau pour saturer l'espace à la température de 25 degrés,
il se produira là une vapeur ayant, d'après le tableau précédent, la

pression maximum de 23 millimètres, qui, s'ajoutant à la pression de l'air, produira un mélange à 783 millimètres; et si l'on voulait que ce mélange revînt à la pression de 760, il faudrait que l'air fût, pour sa part, à la pression de 760 — 23, ou de 737, puisque la vapeur pressera toujours comme 23. D'après la loi de Mariotte, il faudra donc que le volume de l'air, qui est le même que celui du mélange, augmente dans le rapport de 737 à 760.

L'évaporation produit un certain froid, parce que la vapeur, pour se former exige, comme nous l'avons dit, une quantité notable de chaleur, qui devient latente. Alors le liquide reprend aux parois du vase qui le renferme, à l'air environnant, et à ses propres couches inférieures, la quantité de chaleur qu'exige pour s'évaporer la couche placée au niveau même.

Pour mesurer la chaleur latente de la vapeur d'eau, on fait arriver, par exemple, un courant de cette vapeur à 100 degrés dans de l'eau à zéro, et l'on mesure l'élévation de la température du liquide après la liquéfaction d'un poids déterminé de vapeur. On trouve ainsi que la vapeur, en se liquéfiant, dégage toute la chaleur nécessaire pour élever de 550 degrés la température du même poids d'eau liquide, ou, ce qui revient au même, pour porter de zéro à 100 degrés un poids d'eau cinq fois et demie plus grand. Ainsi un kilogramme de vapeur à 100 degrés, liquéfiés dans 5 kilog. et demi d'eau à zéro, donne 6 kilog. et demi d'eau à 100 degrés. Par conséquent, en calculant les températures de semblables mélanges, on doit considérer la vapeur d'eau à 100 degrés, comme de l'eau liquide à 650 degrés.

On met à profit cette chaleur latente de la vapeur pour chauffer les bains, sans être obligé d'allumer du combustible sous les réservoirs, ni de transvaser l'eau chaude. On a une seule chaudière où l'on réduit l'eau en vapeur, laquelle est amenée, par des tubes, jusque dans l'eau qu'il s'agit de chauffer sur place. Au contact de l'eau froide, la vapeur se liquéfie et abandonne sa chaleur latente, qui élève rapidement la température de tout le liquide.

La *distillation* est une opération par laquelle on réduit un liquide en vapeurs, que l'on condense ensuite par refroidissement; en sorte que le liquide est ainsi transporté d'un vase, où il bout, dans un autre vase que l'on tient froid et où les vapeurs se condensent. Cette distillation a pour but de débarrasser le liquide de ses impuretés, ou de le retirer d'un corps solide avec lequel il se trouve mélangé ou combiné chimiquement, ou enfin de le séparer d'un autre liquide moins volatil. Alors les impuretés, ou le corps desséché, ou le liquide plus fixe, restent au fond du vase où l'ébullition a lieu, tandis que le liquide évaporé se trouve liquéfié dans le second vase, qui porte le nom de *réfrigérent*.

2. Prouver que tous les corps n'ont pas la même capacité pour la chaleur. Définition de la chaleur spécifique.

Les corps exigent plus ou moins de chaleur pour s'élever d'un même nombre de degrés en température : de là les *chaleurs spécifiques*, c'est-à-dire propres à telle ou telle espèce de substance. En général, la chaleur spécifique croit un peu avec la température du corps ; c'est-à-dire, par exemple, qu'il faut un peu plus de chaleur pour chauffer du fer de 100 à 101 degrés, que pour le chauffer de zéro à 1 degré.

Nous prendrons pour unité de chaleur celle qui élève d'un degré centigrade la température d'un kilogramme d'eau. Nous prendrons encore, avec tous les physiciens, la chaleur spécifique de l'eau pour unité, c'est-à-dire la chaleur nécessaire pour élever d'un degré la température d'un kilogramme d'eau.

Pour mesurer la chaleur spécifique des solides et des liquides, on mélange des poids déterminés d'eau et du corps dont on cherche la chaleur spécifique, l'un et l'autre étant primitivement à des températures assez différentes ; et quand le mélange est arrivé à une température commune et intermédiaire, il ne reste plus qu'à la mesurer. Alors la quantité de chaleur gagnée par l'une des substances doit être précisément égale à la quantité de chaleur perdue par l'autre, si toutefois le mélange a été fait rapidement.

Par exemple, si l'on mêle un kilogramme d'eau à 45 degrés avec un kilogramme de mercure à 21 degrés, le mélange aura une température de 41 degrés. Ainsi les 4 degrés perdus par l'eau représentent la même chaleur que les 20 degrés gagnés par le mercure ; en d'autres termes, la chaleur spécifique du mercure n'est que le cinquième de celle de l'eau. Cette méthode, dite des mélanges, s'applique aux corps solides que l'on peut mettre dans l'eau.

On détermine encore la chaleur spécifique par le *calorimètre* de glace : c'est un vase environné de tous côtés par de la glace à zéro. Des masses égales de diverses substances, élevées à la même température, occasionneront la fusion de quantités de glace proportionnelles à leur chaleur spécifique, lorsqu'on les mettra successivement dans le calorimètre de glace, qui est un vase à parois de glace, et que l'on ferme avec un couvercle aussi de glace. On le construit encore au moyen de deux vases métalliques, l'un placé dans l'autre. On remplit de glace pilée l'intervalle qui les sépare, et l'on met encore de la glace pilée dans le vase intérieur, qui renferme en outre un grillage destiné à recevoir les corps échauffés. Chaque vase porte un couvercle chargé de glace pilée. À la partie inférieure de ces vases se trouvent des robinets destinés à l'écoulement de l'eau provenant de la fusion de la glace. L'eau qui coule du vase intérieur est censée n'avoir absorbé que la chaleur du corps placé dans le grillage ; tandis que l'eau qui s'échappe du vase extérieur, n'aurait absorbé que la chaleur de l'air environnant.

XLV.

1. DÉVELOPPEMENT DE L'ÉLECTRICITÉ PAR LE FROTTEMENT. — 2. FAITS SUR LESQUELS REPOSE L'HYPOTHÈSE DES DEUX FLUIDES ÉLECTRIQUES.

1. Développement de l'électricité par le frottement.

La manière la plus ordinaire et la plus efficace de développer l'électricité est de frotter deux corps l'un contre l'autre. On en développe un peu par la simple pression. La chaleur en dégage de certains corps comme la tourmaline. Enfin, le contact de deux corps hétérogènes et les actions chimiques sont presque toujours accompagnés d'électricité.

Un tube de verre, un bâton de résine, un morceau d'ambre, frottés avec une étoffe de laine ou une peau de chat, attirent à eux les petits corps placés à peu de distance. Quelques-uns y adhèrent ; d'autres, après les avoir touchés, sont repoussés vivement. Si l'on approche ces corps frottés de la main ou du visage, on éprouve une sensation pareille à celle que produiraient des toiles d'araignée, et si on les touche, on entend le pétillement d'une étincelle qui s'élance sur le corps qu'on leur a présenté. Cette étincelle devient visible dans l'obscurité. On appelle *électricité* la cause de ces phénomènes, du mot *grec électron*, qui signifie ambre, substance déjà essayée par les anciens.

Les substances vitrées et résineuses deviennent électriques par frottement. Mais cette expérience ne réussit avec les métaux qu'autant qu'on tient ceux-ci sur des supports ou par des manches de verre ou de résine bien secs. Si ensuite on les touche avec le doigt ou avec un autre métal, ils perdent subitement leur électricité. Il faut donc distinguer des corps *conducteurs*, c'est-à-dire qui transmettent ou laissent écouler l'électricité, et des corps *non conducteurs* ou *isolants*, c'est-à-dire qui conservent l'électricité qu'on y a développée par le frottement.

A la rigueur, il n'y a pas une distinction tranchée à faire entre les corps, sous le rapport de leur conductibilité pour l'électricité : mais il y a gradation des uns aux autres. Ainsi les métaux possèdent le meilleur pouvoir conducteur ; puis viennent les dissolutions acides, alcalines et salines; l'eau pure n'est que médiocrement conductrice, de même que les oxydes métalliques, les pierres, le bois, etc. Enfin, les plus mauvais conducteurs sont le soufre, le verre, les résines et les gommes, la soie, et en général les matières végétales et animales desséchées. L'air atmosphérique empêche l'électricité de sortir des corps conducteurs, mais il faut que cet air ne soit pas trop humide, auquel cas l'électricité s'écoulerait par la vapeur aqueuse. On donne le nom d'isoloir à tous les corps non conducteurs qui servent à prévenir la déperdition de l'électricité. Dans ce but, on suspend les corps par des fils ou des cordons de soie, ou bien on les tient par des supports ou des manches de verre.

Si l'on suspend, par un fil de soie, une petite boule de sureau, celle-ci sera *isolée* et conservera l'électricité qu'on lui aura *communiquée* par le contact d'un tube de verre ou de résine frotté. Lorsqu'on approche, pour la première fois, le tube frotté, la boule de sureau est attirée; elle vient toucher le tube, puis aussitôt elle le fuit et persiste à le fuir : d'où l'on conclut que les corps qui partagent entre eux la même électricité se repoussent. Pareille chose arrive si l'on touche, avec le tube frotté, deux boules de sureau suspendues chacune à un fil et en contact : aussitôt qu'elles ont reçu la même électricité, elles se fuient, en faisant diverger leurs fils.

Mais si, après avoir fait prendre à une boule de sureau l'électricité d'un tube de verre par exemple, on approche de cette boule un tube de résine frotté, bien loin de fuir ce nouveau tube, elle s'en approchera avec plus de rapidité que si elle se trouvait à son état naturel. La même attraction a lieu si l'on touche d'abord la boule avec le tube de résine, pour approcher ensuite le tube de verre.

On doit donc considérer deux espèces d'électricité : l'une analogue à celle que développe le verre frotté par une étoffe de laine : l'autre, semblable à celle que prend la résine ainsi frottée. La première se nomme *électricité vitrée*, et la seconde *électricité résineuse;* mais certains physiciens donnent, à l'une le nom d'*électricité positive* ou *en plus*, et à l'autre, celui d'*électricité négative* ou *en moins*. Nous emploierons indistinctement ces expressions.

Cela posé, toutes les fois que l'on frotte deux corps ensemble, leur électricité *naturelle* ou *neutre* se trouve décomposée en électricité vitrée ou positive, qui se porte sur l'un des corps, et en électricité résineuse ou négative, qui se porte sur l'autre. Si les deux corps sont conducteurs, les deux fluides, ainsi séparés, se recombinent aussitôt; mais si ces corps, ou seulement l'un d'eux, est non conducteur, les deux fluides restent isolés, pourvu toutefois que leur accumulation ne soit pas trop grande; car il arrive toujours un terme où le frottement n'ajoute plus rien à la charge électrique, les nouvelles portions de fluides se recombinant au fur et à mesure de leur séparation.

On vient d'exposer les faits sur lesquels est fondée la théorie des deux fluides électriques, et comment naissent les attractions et les répulsions dans tous les cas possibles. Reste à indiquer suivant quelles lois cette action a lieu. On a trouvé que, pour des quantités constantes de fluides électriques, les attractions et les répulsions sont en raison inverse du carré de la distance; et, pour une même distance, en raison directe des quantités d'électricité sur chaque corps, en sorte que l'action est proportionnelle au produit des deux masses électriques.

Soit un cylindre conducteur, placé horizontalement sur un support isolant; on y suspend, de distance en distance, et deux par deux, de petites boules de sureau, à l'aide de fils de chanvre, qui est conducteur. Dans cet état, on approche un corps électrisé de l'un des bouts du cylindre, mais sans le toucher : aussitôt on voit chaque boule s'éloigner de sa voisine, preuve qu'elles sont électrisées deux à deux de la même manière; les répulsions sont plus fortes vers les deux bouts du cylindre qu'au milieu, où elles sont presque nulles. Si maintenant on éloigne le corps électrisé, toutes les boules reviennent au contact, preuve qu'il n'y a plus d'électricité sur le cylindre. Nouveau développement d'électricité si l'on rapproche le corps électrisé, et disparition de cette électricité si l'on retire ce dernier corps.

Pour expliquer ce phénomène, il faut admettre que tous les corps possèdent des quantités égales d'électricité vitrée et d'électricité résineuse, qui, par leur combinaison, forment une électricité neutre, et constituent les corps à l'état naturel. Alors si l'on approche de notre cylindre conducteur un corps préalablement chargé d'électricité vitrée, par exemple, celle-ci décompose à distance les électricités du cylindre, attirant à elle l'électricité de nom contraire, et repoussant l'électricité de même nom; et, en effet, on trouve que la partie du cylindre la plus proche du corps électrisé vitreusement est chargée d'électricité résineuse, tandis que le bout opposé ne possède que de l'électricité vitrée. Cette décomposition de l'électricité *à distance* est dite aussi *par influence.*

Ainsi, toutes les fois qu'un corps vient à être électrisé, il réagit tout autour de lui sur les corps environnants, attirant sur les surfaces qui le regardent une électricité de nom contraire à la sienne, et repoussant sur les surfaces opposées l'électricité de même nom. De plus, toute cette électricité développée par influence réagit à son tour sur le corps primitivement électrisé, soit pour disposer autrement l'électricité préexistante, soit pour en développer de nouvelles quantités. En général, deux corps ne peuvent réagir l'un sur l'autre, si tous deux ne sont chargés d'électricité développée d'une manière quelconque ; c'est pour cela que l'action à distance sur les corps conducteurs est plus grande que sur les corps non conducteurs, parce que les premiers, mieux que les seconds, permettent aux fluides électriques d'y circuler.

L'expérience montre que la quantité d'électricité que prennent les corps dépend uniquement de leurs surfaces ; en sorte qu'une boule pleine et une boule creuse, de même rayon, étant mises en contact, se partagent également la somme de leur électricité. Il suffit même de mettre sur un corps non conducteur la plus mince couche métallique, pour lui faire jouer le rôle d'un corps conducteur.

On est donc arrivé à ce résultat : que l'électricité *libre*, vitrée ou résineuse, se porte tout entière à la surface des corps, où elle forme une couche infiniment mince, mais d'épaisseur en général variable d'un point à un autre du même corps. Là, elle presse contre l'air pour s'échapper, en vertu de la répulsion mutuelle de ses molécules, comme étant de la même nature. La pression exercée en chaque point est proportionnelle au carré de l'épaisseur de la couche en ce point ; et si, quelque part, la pression devenait égale à celle de l'air, une portion du fluide électrique s'échapperait par là sous forme d'étincelle.

Sur une sphère, la couche est évidemment de même épaisseur partout. Sur un ellipsoïde, la couche est comprise entre la surface du corps et une surface semblable, un peu plus petite, de telle manière que les épaisseurs, aux pôles et à l'équateur de l'ellipsoïde, sont entre elles comme le rayon polaire est au rayon équatorial. Si l'on conçoit maintenant que l'ellipsoïde s'allonge indéfiniment dans le sens du rayon polaire, il se transformera en une tige de plus en plus pointue, et la couche électrique deviendra de plus en plus épaisse à ces pointes, jusqu'à ce qu'enfin elle puisse vaincre par sa pression la résistance de l'air. C'est ainsi que les pointes ont la propriété de donner écoulement à l'électricité, ou, comme on dit, de la *soutirer*.

XLVI.

1. DESCRIPTION DES ÉLECTROSCOPES ET DE LA MACHINE ÉLECTRIQUE. — 2. EFFETS DE LA BOUTEILLE DE LEYDE ET DES BATTERIES.

1. Description des électroscopes et de la machine électrique.

Un *électroscope* (fig. 68) est un instrument propre à faire reconnaître les plus petites quantités d'électricité. Il se compose ordinairement de deux brins de paille, ou de deux minces lanières d'or, ou de deux petites boules de sureau, suspendus à une même tige métallique. Pour éviter les agitations de l'air, on renferme les deux pailles, lanières ou boules, dans une cage de verre, en faisant sortir le haut de la tige par une ouverture garnie de gomme laque. Le moindre degré d'électricité communiquée à ces petits corps, au moyen de la tige, suffit pour les faire diverger; et l'on mesure la divergence à l'aide d'un arc de cercle gradué sur l'une des faces de la cage. L'électroscope de Coulomb est semblable à sa balance de torsion.

Fig. 68.

Pour se procurer beaucoup d'électricité, on emploie une machine particulière (fig. 69). Elle se compose d'un grand disque ou *plateau* de verre, muni, à son centre, d'un axe terminé par une manivelle, pour le faire tourner sur lui-même. Dans ce mouvement, le plateau frotte entre des coussins de peau, rembourrés de crins, et que l'on nomme *frottoirs*. Pour que le contact du verre avec les frottoirs soit plus intime, on enduit ceux-ci d'une couche d'or mussif, qui est un

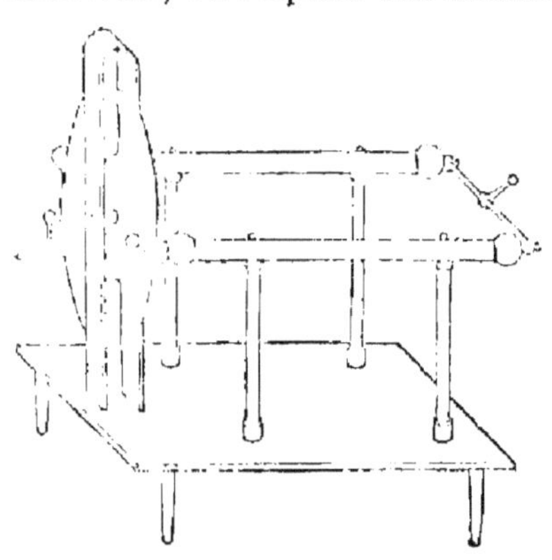

Fig. 69.

composé jaune d'étain et de soufre. Le plateau prend alors l'électricité vitrée, et les coussins l'électricité négative, qui s'écoule ensuite dans le sol au moyen d'une chaîne métallique attachée aux frottoirs. En face du plateau se trouvent des pointes métalliques, terminant un système de corps conducteurs, isolés par des supports de verre. L'électricité du plateau décompose par influence l'électricité naturelle de ces conducteurs, attire à elle la résineuse, qui passe, à l'aide des pointes, sur le plateau, pour la neutraliser, et repousse l'électricité vitrée dans les parties les plus éloignées des conducteurs. La machine se trouve alors chargée d'électricité vitrée. Si l'on voulait la charger d'électricité résineuse, il suffirait d'amener les pointes des conducteurs en face des frottoirs, que l'on isolerait, et de faire communiquer le plateau avec le sol. Au moyen d'*excitateurs*, ou d'arcs métalliques soutenus par des manches de verre, on fait passer l'électricité des conducteurs sur tout autre corps que l'on veut.

2. Effets de la bouteille de Leyde et des batteries.

Si l'on approche un corps chargé d'électricité vitrée du bout d'une tige métallique isolée, l'électricité naturelle de cette tige sera décomposée, le fluide résineux se portant en face du corps électrique, et le fluide vitré dans le bout opposé. En touchant ce bout, le fluide vitré de la tige s'écoulera dans le sol, et il ne restera sur cette tige que du fluide résineux, qui sera *dissimulé*, tant que le corps électrisé se trouvera en face. Si on retire ce corps, le fluide résineux se répandra sur toute la tige et réagira sur les corps environnants; mais si l'on ramène le corps à la même place, le fluide résineux de la tige en sera de nouveau attiré, son influence ne se fera plus sentir, il sera ce qu'on appelle *dissimulé*, c'est-à-dire caché, inaperçu.

C'est sur ce fait qu'est fondé le *condensateur*. Il se compose de deux disques métalliques, séparés par une feuille de verre, un taffetas gommé, ou même une simple couche de résine. Ces disques sont armés de manches de verre, au moyen desquels on peut les rapprocher ou les éloigner l'un de l'autre. Si l'un d'eux est mis en communication avec une source électrique, il se chargera d'électricité, qui sera vitrée par exemple. Posant ensuite le second disque sur le premier, l'électricité de celui-ci attirera la résineuse de l'autre, et repoussera la vitrée, qui s'échappera dans le sol, si on lui offre une communication. Quant au fluide résineux, il sera dissimulé par l'attraction du fluide vitré du premier disque; mais, à son tour, le fluide résineux attirant le fluide vitré, le dissimulera en très-grande partie : alors une nouvelle quantité de fluide vitré coulera de la source sur le premier disque, dissimulera une nouvelle quantité de fluide résineux sur le second disque, lequel fluide résineux dissimulera du fluide vitré sur le premier, et ainsi de suite ; en sorte que les deux quantités de fluides résineux et vitré, qui se dissimuleront réciproquement d'un disque à l'autre, seront considérablement plus grandes que si ces disques avaient été mis séparément en communication avec la source. En d'autres termes, les fluides électriques se trouveront *condensés* sur les disques, et deviendront libres lorsqu'on détachera ces disques.

La bouteille de Leyde (fig. 70), ainsi nommée du nom de la ville où elle a été inventée, n'est pas autre chose qu'un condensateur sous une forme particulière. C'est une bouteille de verre, recouverte extérieurement et intérieurement de feuilles métalliques qui ne communiquent point entre elles. Une tige de métal, qui sort par le goulot, sert à mettre l'intérieur de la bouteille en communication avec une source électrique, tandis qu'on tient la bouteille par sa panse. Si la source est vitrée, l'intérieur de la bouteille prendra la même électricité, et l'extérieur se recouvrira d'électricité résineuse, ces

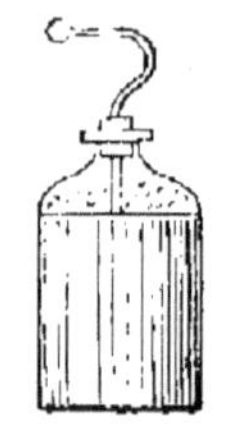

Fig. 70.

deux fluides agissant l'un sur l'autre à travers le verre pour se dissimuler et se condenser. Si, au contraire, on avait tenu la bouteille par sa tige, et mis sa panse en contact avec la source électrique, l'intérieur eût été résineux, et l'extérieur vitré comme la source.

Quand la bouteille est ainsi *chargée*, si l'on vient à faire communiquer entre elles ses deux surfaces, intérieure et extérieure, par un arc métallique, il se produira une forte étincelle, provenant de la combinaison des deux fluides ; ce qui arrive aussi lorsqu'on établit la communication entre les deux faces opposées d'un condensateur ordinaire.

Une *batterie électrique* résulte de plusieurs bouteilles de Leyde qui communiquent toutes ensemble par l'extérieur, d'une part, et par l'intérieur, d'autre part. On peut aussi faire communiquer l'extérieur de la première avec l'intérieur de la seconde ; l'extérieur de celle-ci avec l'intérieur de la troisième, et ainsi de suite.

Cette batterie se charge et se décharge comme une simple bouteille de Leyde ou un condensateur ; mais sa puissance est de beaucoup supérieure : elle est capable de produire la mort ; elle fond et réduit en poussière les fils métalliques, et fait voler en éclats les corps peu conducteurs. Les décharges réitérées d'une batterie décomposent l'eau en oxygène et hydrogène. Les deux éléments de l'air, oxygène et azote, se réunissent pour former de l'acide nitrique. L'oxyde d'étain se trouve peu à peu décomposé.

XLVII.

1. ANALOGIE ENTRE LES EFFETS DE LA FOUDRE ET DE L'ÉLECTRICITÉ. — 2. PARATONNERRES.

1. Analogie entre les effets de la foudre et de l'électricité.

L'atmosphère est dans un état électrique habituel. Par un temps calme et serein, elle possède un excès d'électricité positive, qui varie, soit pendant le jour, soit d'une saison à l'autre. On a expliqué de bien des manières l'origine de cette électricité. On l'a attribuée tour à tour à l'évaporation de l'eau, au frottement de l'air contre le sol, à la végétation, aux compressions et dilatations de l'air, etc.; quelques-uns ont considéré la terre comme une vaste pile voltaïque, d'autres comme un appareil thermo-électrique.

On peut admettre, avec quelque apparence de vérité, que l'électricité, d'abord disséminée dans l'atmosphère, composé de petites couches tout autour des gouttelettes d'un nuage. Lorsque les gouttes ont acquis une certaine grosseur, et qu'elles sont assez rapprochées les unes des autres, leurs couches électriques, qui se sont aussi accrues, peuvent se déverser de proche en proche, et venir former une couche unique à la surface du nuage. Dans cet état, la couche électrique exercera une puissante action, tant sur les nuages voisins que sur les objets placés à la surface du sol; et la pression de la couche finira par vaincre la résistance de l'air, ce qui donnera écoulement au fluide électrique sous forme de grosses étincelles, qui sont les *éclairs*.

En lançant un cerf-volant dans les nuages orageux, Franklin, et après lui d'autres physiciens, ont pu soutirer de ces nuages, et par le moyen de la corde du cerf-volant, des étincelles électriques redoutables, qui partaient avec le bruit d'une arme à feu. L'éclair n'est donc qu'une étincelle électrique, au moyen de laquelle l'électricité se distribue d'une manière nouvelle entre l'atmosphère et la masse solide du globe. Sa forme habituelle est en zigzag, et sa longueur atteint parfois une lieue.

Par suite des attractions électriques entre les nuages et le sol, la foudre tombe de préférence sur les lieux élevés et sur les meilleurs conducteurs. Tout le monde connaît le pouvoir destructeur de ce terrible météore : il tue les hommes et les animaux, il consume les arbres, il incendie les habitations, il fond ou réduit en poussière les matières métalliques et pierreuses qu'il trouve sur son passage ; il répand habituellement une odeur de soufre ; mais cette odeur résulte des vapeurs ou poussières entraînées par le courant électrique et dont une partie se dépose à l'entrée et à la sortie de tous les corps qu'il traverse.

2. Paratonnerres.

Si l'on pouvait faire arriver jusqu'à la région des nuages un courant d'électricité contraire à celle qui s'y trouve accumulée, on neutraliserait cette dernière, et l'on préviendrait la chute de la foudre. Il faudrait planter à la surface du terrain que l'on voudrait protéger une tige métallique suffisamment longue. Le *paratonnerre*, imaginé par Franklin, ne remplit qu'une partie de cette condition ; c'est une tige de fer ayant plusieurs mètres de longueur, qui offre un écoulement facile à l'électricité du sol, attirée par l'électricité contraire du nuage, mais qui, ne la transportant pas jusque-là, ne peut prévenir la chute du tonnerre. Cet appareil n'a guère pour effet que de détourner un peu le courant fulminaire, en lui offrant un chemin dans le sol. Aussi le paratonnerre ne protége-t-il les lieux environnants que jusqu'à une distance double de sa longueur. On conseille de lui donner 9 mètres de long et 55 millimètres de diamètre à sa base. Sa partie inférieure sera une barre de fer de $8\frac{1}{3}$ mètre ; puis viendra une baguette de laiton de $\frac{2}{3}$ mètre, terminée par une pointe de platine de 55 millimètres, le tout s'amincissant régulièrement de la base au sommet. Le paratonnerre étant fixé solidement au faîte d'une maison, on attache à sa base une corde en fil de fer, qui descend le long du toit et de la façade jusque dans le sol, où elle doit aboutir dans une terre naturellement humide, et, s'il est possible, dans l'eau d'un puits. A défaut de réservoir humide, on fait aboutir le conducteur du paratonnerre dans une cavité souterraine, que l'on remplit de charbon de braise ou de boulanger ; ce charbon éteint conduit bien l'électricité, tandis que le charbon neuf la conduit mal, à cause de l'hydrogène qu'il renferme.

Cette dernière condition est nécessaire pour éloigner tout danger du passage de l'électricité atmosphérique. Il faut aussi éviter de faire communiquer le conducteur du paratonnerre avec aucun des objets que l'on peut rencontrer dans l'intérieur de la maison.

Lorsqu'un nuage électrisé vient à se décharger par l'un de ses bouts, l'autre bout, qui tenait en arrêt l'électricité contraire du sol ayant cessé d'agir, l'électricité de ce sol rentre violemment dans l'intérieur de la terre, et la commotion qui en résulte pour les êtres vivants peut aller jusqu'à produire leur mort. On dit alors qu'ils sont frappés par *le choc en retour*.

L'électricité atmosphérique joue encore plusieurs rôles : elle entre pour beaucoup dans la formation de la grêle ; elle apparaît aussi dans les trombes et dans l'aurore boréale.

XLVIII.

1. AIMANTS NATURELS. — 2. PÔLES. — 3. DÉCLINAISON DE L'AIGUILLE AIMANTÉE. — 4. AIMANTATION.

1. Aimants naturels.

Il existe dans les mines deux espèces de fer combiné avec l'oxygène, savoir : le *fer oxydulé* et le *fer oxydé*. Le premier, qui contient moins d'oxygène que le second, est en général noir, plus ou moins cristallisé, et présente souvent le singulier phénomène du *magnétisme*. Les échantillons de fer oxydulé qui se trouvent doués de cette dernière propriété sont les *aimants naturels* ; ils attirent les morceaux de *fer doux* (ou de fer pur) et les morceaux d'*acier* (ou de fer combiné au carbone) qui sont placés à de petites distances.

Un aimant attire le fer doux avec plus de force que l'acier, et l'acier non trempé plus fortement que l'acier trempé. L'influence magnétique est d'autant plus faible que la trempe a été plus forte, c'est-à-dire que l'acier a été plus chauffé avant d'être refroidi subitement.

Dans le fer, la séparation et la recomposition des fluides magnétiques se font avec facilité ; mais ces changements ont plus de peine à s'effectuer dans les oxydes de fer et dans l'acier. Cette résistance se nomme *force coercitive*; elle fait la permanence des aimants, puisque sans elle toutes les forces se recomposeraient, et toute vertu magnétique disparaîtrait.

Si l'on suspend un aimant par le milieu, ou mieux si on le pose sur un liége flottant à la surface de l'eau, on verra l'aimant se diriger du nord au sud ou à peu près, et revenir constamment à cette direction lorsqu'on l'en aura écarté. Il y a donc un côté nord et un côté sud pour chaque aimant.

2. Pôles

Quand on plonge un aimant dans la limaille de fer, celle-ci s'attache principalement aux deux extrémités opposées, qui sont les deux pôles de l'aimant (fig. 71).

On détermine ces pôles en prenant le centre de toutes les directions qu'affectent les particules de limaille de fer soumises à l'influence de l'aimant. On les détermine-

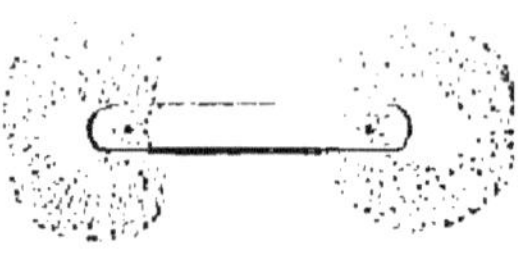

Fig. 71.

rait encore à l'aide d'une seule petite aiguille aimantée qui, suspendue librement, se dirigerait toujours vers le pôle le plus voisin.

Si l'on met en regard les côtés nord ou les côtés sud de deux aimants, il y aura répulsion mutuelle; mais il y aura attraction mutuelle, si l'on met en regard le côté nord de l'un avec le côté sud de l'autre. C'est ce qu'on exprime en disant que les côtés ou pôles de même nom se repoussent, et les côtés ou pôles de noms contraires s'attirent.

3. Déclinaison de l'aiguille aimantée.

On peut considérer la terre comme un gros aimant, puisqu'elle dirige les aimants, de même que ceux-ci se dirigent les uns les autres. Alors les pôles magnétiques de la terre seront vers les pôles géographiques : l'un sera le pôle *nord* ou *boréal*; l'autre le pôle *sud* ou *austral*. Ensuite, on nommera pôle *nord* ou *boréal* d'un aimant, celui de ses pôles qui se tourne vers le pôle de nom contraire du globe, savoir, vers le sud; et pôle *sud* ou *austral* de l'aimant, celui qui se dirige vers le nord de la terre.

Si l'on suspend une aiguille aimantée par son centre, ou bien si on la pose sur une pointe autour de laquelle elle puisse librement pivoter, tout en demeurant horizontale, la direction qu'elle prend indique le *méridien magnétique* du lieu. En général, ce méridien fait un certain angle avec le méridien géographique, et l'angle de ces deux méridiens est ce qu'on nomme la *déclinaison magnétique* en ce lieu; déclinaison *orientale* ou *occidentale*, suivant que la partie nord du méridien magnétique est à l'est ou à l'ouest du méridien géographique. Pour mesurer cet angle, on place le pivot de l'aiguille au centre d'un cercle gradué, et l'appareil est alors une *boussole de déclinaison*. A Paris, la déclinaison est d'environ 22 degrés ouest.

La déclinaison magnétique change progressivement, et peut-être périodiquement, pour chaque point de la terre, ainsi qu'on l'observe depuis quelques siècles. A Paris, la déclinaison était nulle vers 1666, et, avant cette époque, elle était orientale; aujourd'hui elle est occidentale, mais elle diminue de nouveau depuis une vingtaine d'années. On ignore encore la cause de pareils changements.

Dans l'hémisphère nord, la déclinaison magnétique est, chaque matin, plus à l'ouest, pour revenir, le soir, plus à l'est de sa valeur moyenne. Ces *variations diurnes* sont, pour Paris, et terme moyen, d'environ un cinquième de degré. Dans l'hémisphère sud, elles se font en sens inverse; et, sur l'équateur magnétique, elles sont nulles.

L'aiguille éprouve encore des agitations brusques et plus considérables au moment de l'apparition des aurores boréales.

4. Aimantation.

Le magnétisme ne se communique pas directement d'un corps à u autre, mais il se développe dans le second sous l'influence magnétique du premier. Ainsi, quand le pôle austral d'un aimant est présenté à un cylindre de fer doux, par exemple, l'aimant développe les deux fluides magnétiques dans chacune des particules du cylindre, qui deviennent comme autant de petits aimants. Ceux-ci réagissent les uns sur les autres, et il en résulte une accumulation apparente du fluide boréal dans le bout du cylindre le plus proche de l'aimant, et une accumulation du fluide austral dans le bout opposé. En éloignant l'aimant, les deux fluides développés dans le cylindre n'obéissent plus qu'à leurs actions mutuelles et se combinent, ce qui veut dire, en termes consacrés, que le cylindre revient à l'*état naturel*. Il peut ainsi passer autant de fois que l'on veut de l'état naturel à l'état magnétique, et réciproquement, en approchant et éloignant l'aimant.

Si le cylindre mis en présence de l'aimant était d'acier, il s'y développerait moins de magnétisme, mais des portions plus ou moins grandes des fluides magnétiques y demeureraient séparées, après qu'on aurait éloigné l'aimant, en sorte que ce cylindre d'acier deviendrait un nouvel aimant permanent, lequel à son tour pourrait servir à en faire d'autres. Les aimants d'acier sont dits *artificiels*, par opposition aux aimants *naturels*, trouvés dans le sein de la terre.

Ordinairement, on magnétise des *barreaux* d'acier; on les réunit en *faisceaux*, les pôles de même nom du même côté, et il en résulte des aimants artificiels très-énergiques. Dans la pratique, on aimante à l'aide de pareils barreaux, soit simples, soit par faisceau, en promenant l'une de leurs extrémités tout le long du corps que l'on veut aimanter : c'est ce qu'on appelle faire une *touche*. On réussit mieux par la *double touche*, qui consiste à poser les pôles contraires de deux barreaux aimantés sur le milieu du corps soumis à l'aimantation, puis à faire glisser en sens contraires ces barreaux vers les deux bouts opposés du corps ; les inclinant dans le sens de leur marche, les éloignant en même temps pour les ramener ensemble au milieu du corps, et recommençant la même opération autant de fois que l'on voudra.

On a beaucoup varié les procédés d'aimantation, mais nous ne pouvons faire connaître ici toutes ces méthodes. Nous nous bornerons à citer l'emploi des *armatures*. On appelle ainsi des morceaux de fer doux qui se placent aux deux extrémités d'un barreau, soit qu'on veuille l'aimanter ou qu'on veuille y conserver le magnétisme. Ces armatures réagissent par leur magnétisme sur celui du barreau, et y tiennent les deux fluides séparés.

Nous citerons encore les aimants en *fer à cheval*, qui sont des barreaux repliés de telle manière que leurs extrémités soient assez proches l'une de l'autre et parallèles. On met ces extrémités en contact avec un seul morceau de fer doux qui s'y attache fortement, et peut ainsi soutenir des poids considérables.

L'acier est dit *aimanté à saturation*, quand le magnétisme y atteint sa limite, son maximum ; car il est de fait qu'un barreau d'acier ne peut pas prendre ou plutôt ne peut conserver une quantité indéfinie de magnétisme.

On a remarqué que le choc développe dans le fer doux la propriété magnétique, de même que la torsion, le frottement de la lime, et toutes les actions mécaniques un peu fortes et subites : c'est ce qui fait que les outils des ouvriers sont en général faiblement magnétiques.

XLIX.

1. PILE VOLTAÏQUE : SES PRINCIPAUX EFFETS PHYSIQUES, CHIMIQUES ET PHYSIOLOGIQUES. — 2. COURANT ÉLECTRIQUE. — 3. AIMANTATION DU FER DOUX.

1. Pile voltaïque : ses principaux effets physiques, chimiques et physiologiques.

Galvani a vu qu'une grenouille fraîchement écorchée éprouve des commotions subites, lorsqu'on vient à faire communiquer par un arc métallique les nerfs et les muscles de cet animal. Il attribua ce fait, qu'il varia de plusieurs manières, à un fluide magnétique en circulation dans tous les corps animés. Mais Volta prouva ensuite que ces commotions de la grenouille sont dues au passage de l'électricité développée par le simple contact de deux corps hétérogènes, et principalement au contact de deux métaux différents. En effet, le contact de deux corps hétérogènes suffit pour développer l'électricité, qui est vitrée ou positive pour l'un, et résineuse ou négative pour l'autre, après qu'on les a séparés. Cette action se manifeste surtout par le contact réciproque des métaux, comme zinc et cuivre, le zinc s'électrisant positivement et le cuivre négativement. Deux métaux mis en contact forment ce qu'on appelle une *paire voltaïque*, du nom de Volta, qui le premier a réuni ces paires pour en former une *pile*.

Si l'on empilait les uns sur les autres des disques alternativement de cuivre et de zinc, par exemple, on ne produirait rien de plus qu'en mettant en contact un seul cuivre avec un seul zinc. Mais l'effet s'accroîtra proportionnellement au nombre des paires, cuivre et zinc, si l'on sépare ces différentes paires par des disques de drap humide, qui n'ont pas d'action sensible sur les métaux, et ne servent que comme corps conducteurs d'une paire à l'autre. Dans ce cas, les électricités développées par les deux métaux d'une paire se répandent de part et d'autre sur tout le reste de la pile; tellement que la différence électrique entre les deux métaux en contact sera encore la même que si cette paire existait seule.

Supposons, par exemple, une pile verticale formée de paires, cuivre et zinc, séparées par des rondelles de drap humide, les disques de zinc étant tournés vers le haut, et ceux de cuivre vers le bas pour chaque paire. Le premier cuivre, placé à l'extrémité inférieure de la pile, et en communication avec le sol, laissera écouler son électricité négative, tandis que le premier zinc aura une certaine quantité d'électricité positive, laquelle se répandra sur tous les disques supérieurs, tant cuivre que zinc, par simple communication à travers les rondelles humides. Le second cuivre laissera de même son électricité négative s'écouler dans le sol, et le second zinc répandra son électricité positive sur tous les disques placés en dessus. En continuant ainsi, il est aisé de voir que le premier cuivre étant à l'état naturel, le premier zinc et le second cuivre auront chacun une certaine quantité d'électricité positive, le second zinc et le troisième cuivre, chacun une quantité double de la même électricité; le troisième zinc et le quatrième cuivre, chacun une quantité triple, et ainsi de suite.

Si la pile était posée sur un corps isolant pour empêcher le départ de l'électricité négative, celle-ci s'accumulerait vers le bas de la pile, tandis que l'électricité posititive se porterait vers le haut, et le milieu de la pile serait alors à l'état neutre.

Au moment où l'on met en communication les deux extrémités ou *pôles* d'une pile, par un fil métallique, l'équilibre électrique tend à s'y établir : mais, comme cet équilibre est sans cesse troublé par le dégagement de l'électricité au contact du cuivre et du zinc de chaque paire, l'électricité positive se portant d'un côté, et l'électricité négative de l'autre, il s'établit deux courants, un de chaque fluide électrique, et ces fluides se recombinent sur tout le *circuit*, lequel comprend la pile et le fil de communication entre les deux pôles.

On a beaucoup varié la forme des piles voltaïques. Celle *à colonne* est formée comme on vient de le dire. La pile *à auges* consiste en une auge de bois, divisée en compartiments par des paires formées chacune d'un cuivre et d'un zinc soudés ensemble. On verse dans ces compartiments un liquide conducteur qui tient lieu de drap humide : c'est ordinairement de l'eau acidulée. La pile imaginée par Wollaston est la plus énergique de toutes : dans cette pile, chaque lame de zinc est enveloppée d'une double lame de cuivre, mais sans contact, celle-ci étant soudée au zinc précédent. La communication de l'électricité se fait du zinc au cuivre, en plongeant ces métaux dans des vases pleins d'eau acidulée.

Lorsqu'une personne établit la communication entre les deux pôles d'une pile, en y portant à la fois les deux mains, elle éprouve des commotions électriques, qui peuvent devenir insupportables si la pile est forte. En faisant aboutir à la langue les deux fils qui partent des pôles, on éprouve une saveur saline particulière. Mises à une petite distance l'une de l'autre dans l'eau, les extrémités de ces deux fils décomposent ce liquide en gaz hydrogène, qui se dégage du côté du pôle négatif ou cuivre, et en gaz oxygène, qui apparaît du côté du pôle positif ou zinc ; mais il faut que les fils conjonctifs de la pile soient de platine ou d'autre métal difficilement oxydable. Les courants de la pile donnent lieu à une multitude de décompositions chimiques. De plus ils échauffent, rougissent et brûlent les fils métalliques suffisamment ténus. Le charbon lui-même, placé dans le vide, devient alors resplendissant, bien qu'il ne se consume point.

2. Courant électrique.

Aucun de ces effets ne se produit tant qu'il n'y a pas communication établie entre les pôles d'une pile voltaïque. C'est à ces effets que l'on reconnaît le passage de l'électricité à travers le fil conducteur. Mais avant cette transmission les pôles de la pile sont chargés chacun d'une électricité contraire, électricités dites de *tension*, et qui se manifestent par des attractions et des répulsions ; tandis qu'il n'y a plus à ces pôles d'actions à distance, sitôt qu'on a établi la communication de l'un à l'autre.

Dans l'hypothèse de deux fluides électriques, vitré et résineux, il existe deux courants simultanés et en sens contraires, soit dans la pile, soit dans le conducteur qui unit ses deux pôles. Mais dans l'hypothèse d'un seul fluide électrique, on suppose un seul courant, qui va du pôle zinc au pôle cuivre dans le fil conducteur, et par conséquent du pôle cuivre au pôle zinc à travers les éléments de la pile : c'est ainsi qu'on entend généralement le sens ou la direction du courant voltaïque.

Si l'on conçoit qu'une aiguille aimantée, suspendue par son centre de gravité, et libre de toute action terrestre, soit approchée d'un courant voltaïque rectiligne, elle affectera une position ainsi déterminée : elle se mettra dans un plan perpendiculaire au courant perpendiculairement à la droite menée de son centre au courant, et de telle manière que son pôle austral (qui se dirige vers le nord de la terre) se trouve à gauche d'un spectateur qui, entraîné dans le courant la tête en avant, regarderait l'aiguille. Cette position de l'aiguille est absolument la même que s'il régnait un tourbillon autour du fil voltaïque comme centre, et perpendiculairement à sa longueur : c'est en cela que consiste la découverte d'OErstedt.

Pour reconnaître l'existence et la direction des courants électriques, même très-faibles, on se sert d'un appareil nommé *galvanomètre multiplicateur*, ou simplement *galvanomètre*. Il consiste en un long fil métallique, de cuivre par exemple, enroulé autour d'un châssis de bois et dont les deux extrémités viennent plonger dans deux coupelles de mercure ou *rhéophores*. Il est nécessaire d'envelopper ce fil métallique, sur toute sa longueur, avec du fil de soie, pour isoler les tours qu'ils forme sur le châssis, et prévenir en même temps la déperdition du fluide électrique. On suspend une petite aiguille aimantée, parallèlement aux tours du fil, et tout près du faisceau. Pour reconnaître un courant électrique, on achève le circuit en plongeant dans les rhéophores les deux extrémités du fil où se produit le courant, ou bien, en amenant directement les extrémités du fil galvanométrique en contact avec la source électrique. Alors l'aiguille aimantée se trouve déviée dans un sens ou dans un autre, suivant la direction du courant, et avec une énergie indiquée par les divisions d'un cercle gradué que parcourt l'aiguille.

3. Aimantation du fer doux.

On produit l'aimantation des aiguilles d'acier en les plaçant dans l'axe d'une hélice en fil de cuivre, que l'on fait traverser par un courant de la pile voltaïque, ou même par la simple décharge d'une batterie électrique.

On produit enfin l'aimantation passagère du fer doux, en enveloppant celui-ci d'un fil de cuivre tourné en hélice et traversé par un courant voltaïque. Les aimants en fer à cheval que l'on obtient par ce procédé sont très-énergiques, puisqu'ils soutiennent des charges de plusieurs centaines de kilogrammes. Mais il faut que le fer employé soit très-doux, comme l'est le fer en roche du Berry, et mieux encore le fer de Suède. Si l'on change subitement le sens du courant qui passe à travers le fil de cuivre, les pôles magnétiques du fer à cheval alternent aussi, et avec une telle rapidité, que la charge soutenue par cet aimant artificiel n'a pas le temps de se détacher.

L.

TÉLÉGRAPHES ÉLECTRIQUES.

Ils sont une application du fait indiqué tout à l'heure de l'aimantation passagère du fer doux enveloppé d'un fil de cuivre que traverse un courant voltaïque.

Une pile P (fig. 72) à courant constant communique, par l'une de ses extrémités, à la terre T, et par l'autre extrémité à la circonférence C d'une roue dentée R, pouvant tourner autour d'un axe A ; la roue et l'axe étant métalliques, le courant de la pile traverse ce système et sort par l'axe A, en suivant un très-long fil de fer doux, qui l'amène dans les circonvolutions du fil d'un électro-aimant F (fer à cheval doux, environné d'un fil de cuivre), puis dans la terre en T' ; et la terre faisant l'office de conducteur ramène le courant en T, ce qui établit la circulation en complétant le circuit.

Ainsi lorsque le courant de la pile circule dans l'électro-aimant F, le fer doux de ce dernier devient un aimant passager, dont le pôle austral est a par exemple, et le pôle boréal b. Mais en faisant tourner la roue R, il arrive que le courant circule ou est interrompu, suivant que le bout e du fil conducteur touche une dent de la circonférence C, ou se trouve isolé dans l'intervalle de deux dents : dans le premier cas, les pôles a et b se manifestent ; dans le second cas, ces pôles disparaissent et le fer à cheval est inactif.

Au-dessus et tout près de ce fer à cheval se trouve une petite lame

'acier $a'\,b'$ aimantée d'une manière permanente, qui pivote à l'un
e ses bouts e, et porte à l'autre bout une fourche capable de mou-
oir le bras B d'un échappement d'hor-
ge. La roue R' d'échappement porte à
on axe une longue aiguille, dont la
ointe parcourt la circonférence d'un
adran sur lequel sont rangées les lettres
e l'alphabet et d'autres signes de con-
ention. Les mêmes lettres et les mêmes
gnes sont rangés dans le même ordre,
ur le contour de la roue dentée R. In-
tile de dire que le nombre des dents
e cette roue et de la roue d'échappe-
ent R' sont fixés d'après le nombre des
ttres et signes conventionnels.

Enfin, le petit aimant mobile $a'\,b'$
st tourné de telle façon que son pôle
ustral a' est en face du pôle b de l'élec-
o-aimant F, et son pôle boréal b' en
ce du pôle a ; de sorte qu'il y a dou-
ement attraction entre ce petit aimant
b' et l'électro-aimant ba, quand celui-
est en activité : alors l'aimant $a'\,b'$ s'a-
aisse sur ba et son extrémité fourchue
oussant le bras B, la roue à échappe-
ent avance d'une dent. Le courant
ant ensuite interrompu, les pôles a et
disparaissent et l'aimant $a'\,b'$ se relève
ré par un petit ressort à boudin r :
lors l'extrémité fourchue soulève le bras
, et la roue à échappement marche en-
ore d'une dent.

Ainsi chaque fois que le courant vol-
ïque est rétabli par le contact de e
vec une dent de R, et chaque fois que
o courant est interrompu par l'isole-
ent de e dans l'intervalle de deux dents
e R, l'aiguille de la roue à échappe-
ent R' fait un pas sur son cadran ou passe d'une lettre à la sui-
ante. Le même mouvement s'exécutant sur le contour de R, mou-
ement suivi par le moyen d'un index fixe i, la lettre marquée par
et index, est au même instant marquée par l'aiguille de la roue R'.

Chaque fois qu'on veut donner le signal d'une lettre, on ramène l roue R à son point de départ, et l'aiguille en R' revient aussi à so point de départ. Veut-on transmettre le signal de la lettre A, on fai tourner R d'un cran et R' tourne d'un cran ; veut-on transmettre l lettre B, on revient au point de départ en achevant une révolutio complète sur les deux cadrans, puis on avance de deux crans; veut-o transmettre C, on achève la révolution des cadrans, puis on avanc de trois crans ; et ainsi de suite, donnant tour à tour les différente lettres d'un mot, puis deux mots, puis tous les mots d'une dépêche.

L'appareil de la roue dentée R étant en une station, et l'appare de la roue à échappement à une autre station, il est clair que pou pouvoir se communiquer réciproquement des dépêches, il faut auss un appareil de roue dentée à la deuxième station, et un appareil d roue à échappement à la première station ; chacune des stations ayan les deux appareils, et pouvant donner avertissement à l'autre sta tion au moyen d'un second bras B' de l'échappement qui fait parti la détente d'une sonnerie.

LI.

1. LUMIÈRE. — 2. RÉFLEXION. — 3. LOIS DE LA RÉFLEXION.

1. Lumière.

Il y a deux manières principales de concevoir la lumière. Dans l système de *l'émission*, on admet que les corps lumineux lancent de molécules de lumière qui se meuvent avec une rapidité extrême.

Dans le système des *ondulations*, on suppose que l'univers es rempli d'une matière infiniment subtile et élastique, désignée sous l nom d'*éther*, qui, en vibrant, donne lieu au phénomène de la lumièr Ce système est aujourd'hui généralement adopté.

Une onde lumineuse se propage tout autour du centre d'ébranle ment primitif. Sa vitesse de propagation est d'environ soixante-di mille lieues par seconde. Toute ligne suivant laquelle la lumière s propage est un *rayon* lumineux. Un ensemble de rayons marchan dans le même sens forme ce qu'on appelle un *faisceau* de lumière.

2. Réflexion.

Quand la lumière tombe sur les corps, ceux-ci en renvoient, e *réfléchissent* une plus ou moins grande partie, suivant le poli de leurs surfaces. On distingue deux espèces de *réflexion* : l'une, régulière, qui fournit une image du corps lumineux; l'autre, irrégulière, qui donne aux corps leur couleur propre.

Plus un corps est poli, plus la réflexion régulière est abondante, et plus faible est la réflexion irrégulière. La quantité de lumière régulièrement réfléchie s'accroît encore par l'inclinaison de la lumière sur les surfaces où elle tombe.

3. Lois de la réflexion.

Dans le cas de la réflexion régulière, le rayon incident et le rayon réfléchi qui en dérive sont dans un même plan passant par la perpendiculaire à la surface réfléchissante, si celle-ci est plane, et par la normale menée au point de réflexion, si la surface est courbe; de plus il y a égalité parfaite entre les angles que forment avec la perpendiculaire ou la normale, les rayons incident et réfléchi : ce qu'on exprime en disant que l'angle de réflexion est égal à l'angle d'incidence.

LII.

1. MIROIRS PLANS. — 2. EFFETS DES MIROIRS CONCAVES. FOYER. — 3. RÉFRACTION. — 4. EFFETS DE LA RÉFRACTION. — 5. EFFETS DES LENTILLES. — 6. PRISME. — 7. SPECTRE SOLAIRE.

1. Miroirs plans.

Un point lumineux, placé en avant d'un miroir plan, est vu comme s'il se trouvait sur la perpendiculaire abaissée de ce point sur le miroir, derrière celui-ci et à la même distance. Tous les points d'un corps sont reproduits suivant la même loi, et il arrive que l'image de ce corps est vue renversée.

Soit MN (fig. 73) la surface antérieure d'un miroir, ACB un objet placé en avant

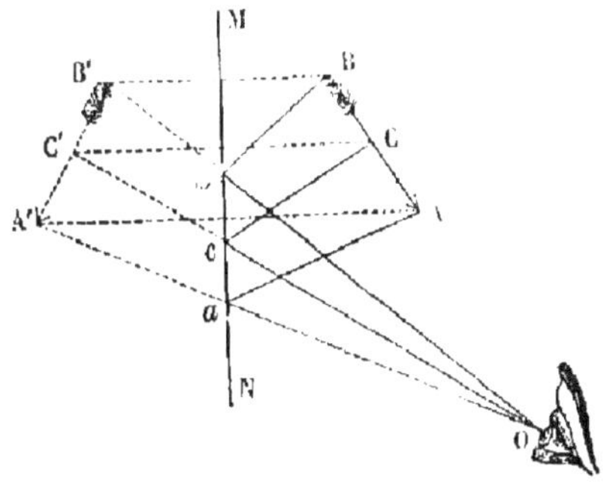

Fig. 73.

de ce miroir, et O la position de l'œil de l'observateur. Pour avoir l'image réfléchie, des divers points de l'objet ACB il faut abaisser des perpendiculaires au plan du miroir, prolonger ces perpendiculaires de quantités égales derrière la glace, et A'C'B' ainsi construit sera l'image telle qu'on la verra du point O; de sorte que les rayons réfléchis B*b*O, C*c*O, A*a*O, seront reçus par l'œil, comme s'ils venaient directement de B', C', A'.

2. Effets des miroirs concaves. Foyer.

Un miroir concave est ordinairement sphérique; en d'autres termes, il représente une petite portion de la surface de la sphère sur laquelle on l'a travaillé. L'image d'un point se forme sur la droite menée par ce point et le centre de la sphère en question. Si le point est très-éloigné, son image est le plus proche possible du miroir, dont elle n'est plus éloignée que d'un demi-rayon de la sphère. A mesure que le point se rapproche, son image s'éloigne. Quand le point est arrivé au centre de la sphère, il coïncide avec son image; lorsqu'il atteint le milieu du rayon, son image va se former à l'infini; enfin, l'image n'existe plus si le point s'approche davantage du miroir.

Soient MON (fig. 74) le miroir, O son milieu et C le centre de la sphère, et par conséquent OC son rayon. La droite OC prolongée indéfiniment est l'axe *principal* du miroir. Un point lumineux A, placé sur cet axe, envoie des rayons qui viennent couvrir le miroir, s'y réfléchissent et vont s'entre-croiser en F qui est dit le *foyer* de A. Si A était à l'infini, son foyer serait en D, milieu du rayon OC; c'est ce qu'on appelle le *foyer principal* de A. A mesure que A se rapproche, le foyer s'éloigne; en C le point lumineux et son foyer coïncident. Le point lumineux venant jusqu'en D, son foyer s'éloigne jusqu'à l'infini, et n'existe plus si le point lumineux marche de D vers O.

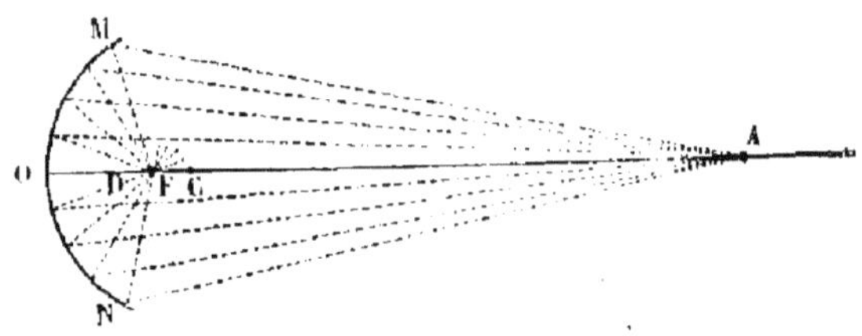

Fig. 74.

Tous les points A, B, etc. (fig. 75) d'un même corps lumineux forment leurs images d'après les mêmes lois, le foyer *a* de A étant

sur l'axe AC, le foyer *b* de B sur l'axe BC, etc.; et l'ensemble
de ces images partielles compose l'image totale de ce corps, image *ab*
qui est toujours renversée, plus petite que AB si cet objet est
entre l'infini et le centre C, plus grande que AB si la distance de
AB varie d'un rayon à un demi-rayon du miroir.

Fig. 75.

3. Réfraction.

Lorsqu'un rayon lumineux tombe sur la surface d'un corps *dia-
phane*, une portion de lumière se réfléchit, et le reste pénètre dans
l'intérieur du corps, suivant une direction qui fait, avec la perpendiculaire à la surface, un angle de *réfraction* différent de l'angle d'*incidence*; mais ces deux angles sont dans un même plan, et leurs *sinus*
(lignes trigonométriques) restent toujours dans le même rapport,
quand on fait varier l'angle d'incidence.

Soient MN (fig. 76) la surface du corps réfringent, AO le rayon
incident, OA' le rayon réfracté, COC'
la perpendiculaire à la surface menée
par le point d'incidence O. De ce
point comme centre et d'un rayon arbitraire OB décrivons une circonférence de cercle qui coupe OA en B,
et OA' en B': enfin abaissons de B
et B' les perpendiculaires BC et B'C'
sur COC'. Le sinus de l'angle d'incidence BOC est BC, le sinus de l'angle de réfraction B'OC' est B'C', et
le rapport de ces deux sinus, c'est-à-

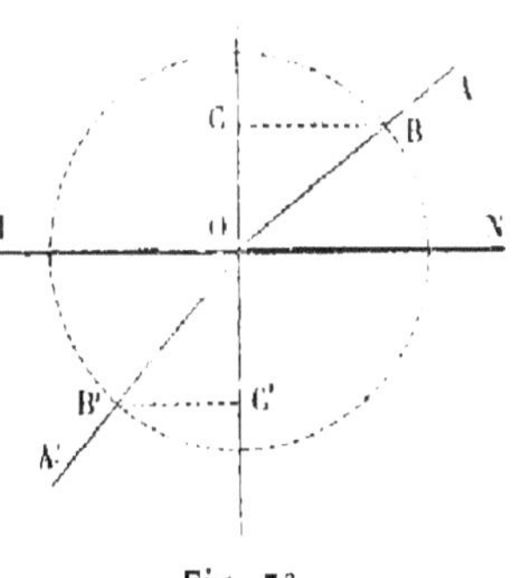

Fig. 76.

dire le quotient $\dfrac{BC}{B'C'}$ est constant quel que soit l'angle sous lequel le rayon lumineux vienne rencontrer la surface MN.

Pour l'eau, ce rapport est égal à $\frac{4}{3}$, c'est-à-dire que le sinus de l'angle d'incidence étant 4, le sinus de l'angle de réfraction est 3, quand
le rayon lumineux pénètre dans le liquide; mais si le rayon sortait
du liquide pour entrer dans l'air, le rapport en question serait ren-

versé, en sorte que le sinus de l'angle d'incidence étant 3, le sinus de l'angle de réfraction serait 4. Pour l'entrée dans le verre, le sinus d'incidence est au sinus de réfraction comme 3 est à 2; et comme 2 est à 3, si le rayon passe du verre dans l'air.

Si le rayon lumineux passait de l'eau dans le verre, le rapport s'obtiendrait en divisant $\frac{3}{2}$ par $\frac{4}{3}$, d'où $\frac{9}{8}$; c'est-à-dire que le sinus de l'angle d'incidence étant 9, le sinus de l'angle de réfraction sera 8. Si, au contraire, le rayon passait du verre dans l'eau, le sinus de l'angle d'incidence serait au sinus de l'angle de réfraction comme 8 est à 9.

Par tous ces exemples, on voit qu'un rayon qui passe d'une substance dans une autre, ou, comme on dit, d'un *milieu* dans un autre, peut suivre le même chemin en sens inverse, le rayon réfracté se changeant en rayon incident, *et vice versa*.

4. Effets de la réfraction.

L'effet de la réfraction est donc de briser les rayons de lumière à leur entrée dans un nouveau milieu. C'est pour cette raison qu'un bâton qui plonge en partie dans l'eau, semble formé de deux portions coudées entre elles, excepté dans certaines positions de l'œil du spectateur.

Quand les rayons venant d'une étoile pénètrent dans l'atmosphère terrestre, suivant une direction oblique, ces rayons se brisent de plus en plus, à mesure qu'ils passent d'une couche supérieure et moins dense dans une couche inférieure et plus dense; en sorte que leur trajectoire dans l'atmosphère est légèrement courbée, la cavité de cette courbe étant tournée vers la surface terrestre. Alors le spectateur placé en O (fig. 77) sur cette surface, voit l'étoile S suivant la tangente OT à la courbe SO décrite dans l'atmosphère par le rayon

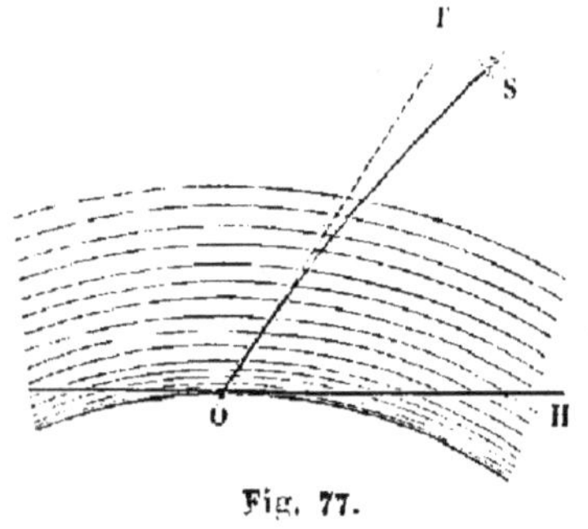

Fig. 77.

lumineux; c'est-à-dire que le point S paraît plus élevé sur l'horizon OH qu'il ne l'est réellement. Cet effet est d'autant plus grand, que l'astre se trouve plus près de l'horizon, et ici l'effet est d'environ un demi-degré, ou à peu près du diamètre apparent du soleil et de la lune; en sorte que ces astres paraissent déjà sur l'horizon lorsqu'ils se trouvent encore au-dessous.

Un autre effet de la réfraction, et le plus remarquable de tous, c'est de décomposer la lumière blanche en lumière diversement colorée, comme on le verra plus loin.

5. Effets des lentilles.

Les lentilles sont toujours composées de surfaces planes ou sphériques, à cause de la facilité qu'il y a de leur donner de semblables formes. Elles sont dites *convergentes* si elles se trouvent plus épaisses au centre que sur les bords, et *divergentes* si l'épaisseur est plus grande sur les bords que vers le centre. Les unes servent à faire converger les rayons de lumière partis d'un point vers un autre point, qui est le foyer ou l'image du premier; tandis que les autres n'ont que des foyers fictifs, et font immédiatement diverger les rayons qui les traversent.

La formation des images derrière une lentille convergente vient de ce que les rayons, partis d'un même point, traversent la lentille en se pliant par réfraction vers la droite menée par ce point et par le milieu de la lentille, droite que l'on nomme l'*axe* des rayons partis de ce point.

Soient MON et MO'N (fig. 78) les deux faces d'une lentille convergente, lesquelles ont ordinairement des courbures inégales. Les rayons lumineux partis de A se réfractent en entrant par la face antérieure MON, traversent l'épaisseur de la lentille, se réfractent une seconde fois en sortant par la face postérieure MO'N, et le résultat de ces deux réfractions successives est d'amener tous les rayons incidents à s'entre-croiser en F, qui est dit le foyer du point A.

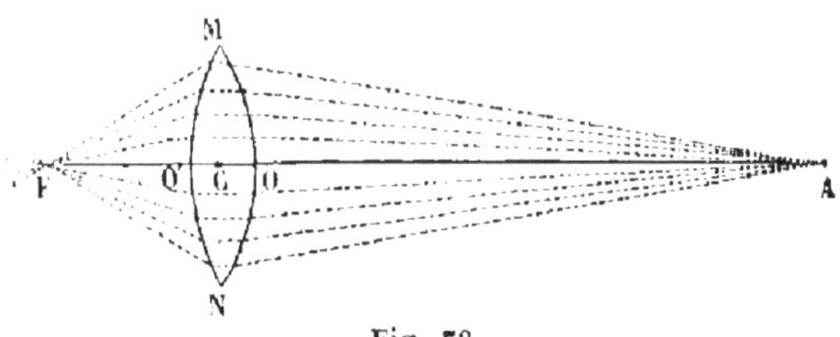

Fig. 78.

Comme les images de chaque point d'un objet placé en avant d'une lentille convergente vont se former, derrière cette lentille, sur les droites menées de ces points au centre de la lentille, l'image complète de l'objet sera évidemment renversée. De plus, on trouve que l'image s'éloigne de la lentille et grandit à mesure que l'objet se rapproche, et *vice versa*.

Ainsi les points A, B, etc. (fig. 79) de l'objet lumineux font leurs foyers respectifs a, b, etc., sur les axes AC, BC, etc., menés par ces points et le centre de la lentille MN.

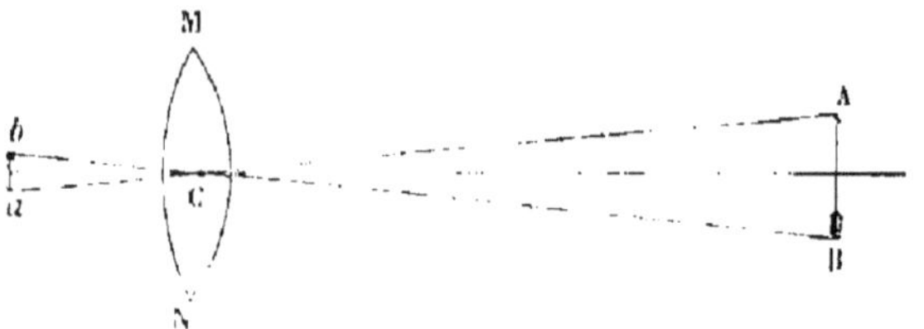

Fig. 79.

Les lunettes, les microscopes et autres instruments d'optique renferment presque toujours plusieurs lentilles, dont les unes forment ce qu'on appelle l'*objectif* (tourné vers l'objet), et dont les autres composent l'*oculaire* (tourné vers l'œil de l'observateur); et c'est du jeu combiné de toutes ces lentilles, tant divergentes que convergentes, que naissent des images plus ou moins amplifiées, plus ou moins nettes, des objets que l'on voit à travers ces instruments.

6. Prisme.

Lorsqu'on fait passer un faisceau de lumière blanche AB (fig. 80) à travers une substance terminée par deux faces OM, ON inclinées l'une sur l'autre, par exemple à travers deux des grandes faces d'un prisme de verre triangulaire, on voit le faisceau de lumière en sortir dilaté dans un sens et coloré de diverses teintes. Ce phénomène prouve que les rayons de la lumière blanche sont inégalement réfractés par le prisme, qui les sépare les uns des autres, d'abord en B à l'entrée de la face antérieure OM, produisant ainsi le

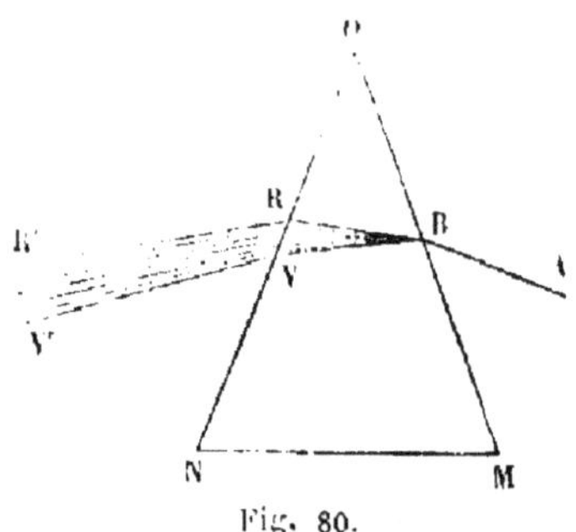

Fig. 80.

faisceau divergent BRV, puis en RV à la sortie par la face postérieure ON, d'où résulte le faisceau encore plus divergent RVR'V'. Il prouve en outre que ces rayons possèdent des couleurs propres, qui les distinguent à la vue. Si l'on reçoit sur un écran l'ensemble des rayons ainsi réfractés et décomposés, et, pour plus de netteté, dans un lieu obscur, on aura ce qu'on appelle le *spectre solaire.*

7. Spectre solaire.

Dans ce spectre, dont la largeur est égale au diamètre du faisceau incident, et dont la longueur, beaucoup plus considérable, est transversale aux arêtes du prisme, on reconnaît un assez grand nombre de teintes, qui passent les unes aux autres par des nuances insensibles. Pour en faciliter l'étude, Newton, et après lui tous les physiciens, ont considéré le spectre comme formé de sept teintes principales dans l'ordre suivant : *rouge, orangé, jaune, vert, bleu, indigo, violet.* Les rayons rouges RR' (fig. 79) sont les moins réfringents, et les violets VV' se dévient le plus au contraire.

On obtient encore les couleurs du spectre les unes après les autres, en faisant passer un faisceau de lumière blanche à travers des plaques de verre coloré. Ainsi une plaque rouge ne laisse passer que les rayons rouges et éteint les autres ; une plaque jaune ne laissera passer que les rayons jaunes, et ainsi de suite, en sorte que la décomposition de la lumière se fera par absorption, et non plus par des réfractions inégales.

Des rayons colorés, séparés de toute autre espèce de rayons, forment de la lumière simple et homogène, qui ne peut plus être décomposée, ni par réfraction ni par absorption. Mais on peut recomposer de la lumière blanche en faisant coïncider tous les rayons d'un spectre solaire. A cet effet, il ne suffit pas de les diriger vers un centre commun, il faut encore qu'ils y arrivent suivant la même droite ; un simple entre-croisement des rayons donnerait bien de la lumière blanche en ce point commun, mais au delà les rayons divergents se sépareraient de nouveau.

Pour recomposer la lumière blanche, on fait réfléchir, vers un même point, les sept teintes principales du spectre solaire par autant de miroirs, montés sur un même pied et mobiles en tous sens.

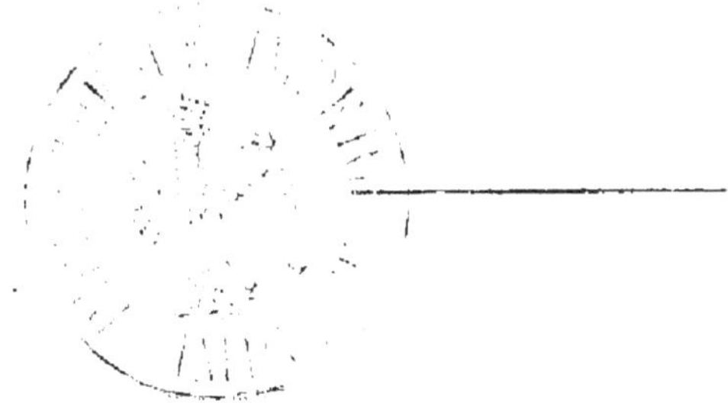

Ch. Lahure et Cⁱᵉ, imprimeurs du Sénat et de la Cour de Cassation,
rues de Fleurus, 9, et de l'Ouest, 21.

PROGRAMME

DES ÉLÉMENTS

D'ARITHMÉTIQUE, DE GÉOMÉTRIE

ET DE PHYSIQUE

prescrits pour l'examen du baccalauréat ès lettres

AVEC LES RENVOIS AUX PARAGRAPHES OU LES MATIÈRES SONT TRAITÉES.

1. *Arithmétique.* Système de numération. — Système métrique (I, page 1).
   Géométrie. Montrer que le rapport de la circonférence au diamètre est le même pour tous les cercles, et indiquer l'esprit de la méthode au moyen de laquelle on peut, par des procédés élémentaires, obtenir une valeur approchée de ce rapport (XXXIII, page 54 .

   Mesure de l'aire du cercle, envisagé comme un polygone régulier d'une infinité de côtés (XXXIV, p. 56).
   Physique. Baromètre. — Loi de Mariotte. — Machine pneumatique. — Pompes. — Siphon (XXXVII, page 67).
2. *Arithmétique.* Addition, soustraction et multiplication des nombres entiers (II, page 3).
   Géométrie. Polygones réguliers inscrits et circonscrits au cercle (XXXI, page 52).

   Inscrire un carré, un hexagone et les polygones réguliers dont l'inscription se ramène à celle de l'hexagone et du carré (XXXII, page 53).
   Physique. Donner une idée du principe des machines à vapeur (XLIII, page 85).

   Ébullition, distillation, évaporation, froid produit par l'évaporation. — Prouver que tous les corps n'ont pas la même capacité pour la chaleur. — Définition de la chaleur spécifique (XLIV, page 86).

Fait à Paris, le 3 août 1857.

ROULAND.

OUVRAGES A L'USAGE DES ASPIRANTS

AU

BACCALAURÉAT ÈS LETTRES.

Règlement et programmes du baccalauréat ès lettres, arrêtés par le Ministre de l'instruction publique, le 3 août 1857. Brochure in-12.   15 c.

Nouveau manuel du baccalauréat ès lettres, conforme au programme du 3 août 1857, publié par MM. Jourdain, Duruy, Cortambert et Saigey. 1 très-fort volume in-12. Prix, broché.   8 fr. Cartonné en percaline gaufrée.   8 fr. 50 c.

Les parties suivantes de ce Manuel se vendent séparément :

1° NOTICES HISTORIQUES ET LITTÉRAIRES SUR LES AUTEURS ET LES OUVRAGES GRECS, LATINS ET FRANÇAIS, indiqués pour l'explication orale, avec un résumé des règlements relatifs à l'examen du baccalauréat ès lettres et des conseils sur les différentes épreuves. Broché. 1 fr. 50 c.

2° RÉSUMÉ DES HISTOIRES ANCIENNE, DU MOYEN AGE ET DES TEMPS MODERNES, par M. Duruy, prof. d'histoire au lycée Napoléon.   3 fr.

3° RÉSUMÉ DE GÉOGRAPHIE PHYSIQUE ET POLITIQUE, par M. Cortambert, professeur de géographie. Broché.   2 fr.

4° ÉLÉMENTS D'ARITHMÉTIQUE, DE GÉOMÉTRIE ET DE PHYSIQUE, par M. Saigey. Broché.   1 fr. 25 c.

Modèles de composition française, comprenant des lettres, des dialogues, des descriptions, des portraits, des narrations, des discours, des lieux communs ou dissertations, avec des arguments, des notes et des préceptes sur chaque genre de composition; par M. Chassang, professeur de rhétorique, docteur ès lettres. 1 vol. in-12, cartonné.   2 fr.

Modèles de composition latine, comprenant des exercices préparatoires, des fables, des lettres, des dialogues, des descriptions, des portraits et des lieux communs ou des dissertations, avec des arguments, des notes et des préceptes sur chaque genre de composition, par le même auteur. 1 vol. in-12, cart.   2 fr.

LE MÊME OUVRAGE, suivi de la *traduction française.*   5 fr.

Recueil de versions latines dictées à la Sorbonne, et publiées par M. Delestrée. 2 vol. in-12, textes et traductions, br.   2 fr.

AUTEURS GRECS.

TEXTES.

Démosthène : *Les trois Olynthiennes,* publiées avec des notes en français; par M. Materne, censeur du lycée Saint-Louis. In-12, br.   45 c.

— *Les quatre Philippiques,* publiées avec des notes en français; par M. Materne. In-12, cart.   70 c.

— *Discours pour Ctésiphon ou sur la Couronne,* publié avec des notes en français; par M. Sommer. 1 vol. in-12, cartonné.   1 fr. 10 c.

Plutarque : éditions annotées par les auteurs dont les noms sont indiqués entre parenthèses. In-12, cartonné :

Vie d'Alexandre (Bétolaud).	90 c.	*Vie de Pompée* (Druon).	1 fr.
Vie de César (Materne).	90 c.	*Vie de Solon* (Deltour).	1 fr.
Vie de Cicéron (Talbot).	90 c.	*Vie de Sylla* (Regnier).	90 c.
Vie de Démosthène (Sommer).	90 c.		
Vie de Marius (Regnier).	90 c.	*Vie de Thémistocle* (Sommer).	90 c.

Choix de discours tirés des Pères grecs, par L. de Sinner, comprenant : 1° *Saint Basile :* De la lecture des auteurs profanes; Observetoi toi-même; Contre les usuriers. — 2° *Saint Grégoire de Nysse :* Contre les usuriers; Éloge funèbre de saint Mélèce. — 3° *Saint Grégoire de Nazianze :* Éloge funèbre de Césaire; Homélie sur les Machabées. — 4° *Saint Jean Chrysostome :* Homélie sur le retour de l'évêque Flavien; Homélie en faveur d'Eutrope. Ouvrage autorisé par le Conseil de l'instruction publique. Nouvelle édition, publiée avec des arguments et des notes en français; par M. Sommer, agrégé des classes supérieures, docteur ès lettres. 1 vol. in-12. Prix, cart.   1 fr. 50 c.

Homère : *L'Iliade*, avec un choix de notes; par M. Quicherat. Édition autorisée par le Conseil de l'instruction publique. 1 fort vol. in-12, cartonné.   3 fr.

LE MÊME OUVRAGE divisé en six parties contenant chacune quatre chants. Prix de chaque partie cartonnée.   65 c.

— *L'Odyssée*, publiée avec des notes en français; par M. Sommer. 1 fort volume in-12. Prix, cart.   3 fr.

LE MÊME OUVRAGE, divisé en six parties contenant chacune quatre chants. Prix de chaque partie cartonnée.   75 c.

Sophocle : éditions annotées par les auteurs dont les noms sont indiqués entre parenthèses. In-12, cartonné :

Ajax (Quicherat).	1 fr.	*OEdipe roi* (Delzons).	1 fr.
Antigone (de Sinner).	90 c.	*Philoctète* (de Sinner).	1 fr.
Électre (de Sinner).	1 fr.		
OEdipe à Colone (de Sinner).	90 c.	*Trachiniennes* (de Sinner).	1 fr.

TRADUCTIONS.

Les auteurs grecs expliqués d'après une méthode nouvelle par deux traductions françaises, l'une littérale et *juxtalinéaire*, présentant le mot-à-mot français en regard des mots grecs correspondants, l'autre correcte et précédée du texte grec, avec des sommaires et des notes en français; par une société de professeurs et d'hellénistes. Format in-12, broché :

DÉMOSTHÈNE : *Les trois Olynthiennes*, par M. C. Leprévost.   1 fr. 50 c.
— *Les quatre Philippiques*, par MM. Lemoine et Sommer.   2 fr.
— *Discours pour Ctésiphon ou sur la Couronne*, par M. Sommer, 3 fr. 50

PLUTARQUE; traductions par les auteurs dont les noms sont indiqués entre parenthèses :

Vie d'Alexandre (Bétolaud).	3 fr.	*Vie de Marius* (Sommer).	3 fr.
Vie de César (Materne).	2 fr.	*Vie de Pompée* (Druon).	5 fr.
Vie de Cicéron (Sommer).	3 fr.	*Vie de Solon* (Sommer).	3 fr.
Vie de Démosthène (Sommer).	2 f. 50	*Vie de Sylla* (Sommer).	3 fr. 50 c.

CHOIX DE DISCOURS TIRÉS DES PÈRES GRECS, par M. Sommer.   7 fr. 50 c.
    Les neuf discours que comprend ce choix se vendent séparément.

HOMÈRE : *L'Iliade*, par M. C. Leprévost. 6 volumes.   20 fr.
    Chaque volume contenant quatre chants.   3 fr. 50 c.
    Chaque chant séparément.   1 fr.

L'Odyssée, par M. Sommer. 6 volumes.   24 fr.
   Chaque volumecontenant quatre chants.   4 fr.

Sophocle; traductions par MM. Benloew et Bellaguet :

Ajax.	2 fr. 50 c.	*OEdipe roi.*	1 fr. 50 c.
Antigone.	2 fr. 25 c.	*Philoctète.*	2 fr. 50 c.
Électre.	3 fr.		
OEdipe à Colone.	2 fr.	*Les Trachiniennes*	2 fr. 50 c.

AUTEURS LATINS.

TEXTES.

Cicéron : *In Catilinam* oratioues quatuor. Édition publiée avec des notes en français; par M. Sommer. In-12, br. 40 c.

—*In Verrem oratio de Signis.* Édition publiée avec des notes en français; par M. J. Thibault. In-12 , br. 40 c.

—*In Verrem oratio de Suppliciis.* Édition publiée avec des notes en français; par M. O. Dupont. In-12, br. 40 c.

—*De Amicitia dialogus.* Édition publiée avec des notes en français; par M. Legouëz, professeur au lycée Bonaparte. In-12, broché. 25 c.

—*De Senectute dialogus.* Édition publiée avec des notes en français; par M. Paret, professeur au collége Rollin. In-12. 25 c.

—*Somnium Scipionis.* Edidit L. Quicherat. In-12, br. 20 c.

Cæsar : *Commentarii de bello gallico et civili.* Selectas aliorum suasque notas adjecit Ad. Regnier. 1 vol. in-12 , cart. 1 fr. 50 c.

Sallustius : *Conjuratio Catilinæ, Jugurtha, et selecta ex fragmentis loca.* Édition publiée avec des notes en français; par M. Croiset, professeur au lycée Saint-Louis. In-12, cart. 90 c.

Tacitus : *Annalium libri XVI*, juxta accuratissimam Burnouf editionem, cum notulis. In-12, cart. 1 fr. 50 c.

Virgilius Maro : *Opera.* Édition publiée avec des arguments et des notes en français; par M. Sommer. 1 vol. in-12, cart. 2 fr.

Horatius Flaccus : *Opera.* Nouvelle édition publiée avec des arguments et des notes en français, et précédée d'un précis sur les mètres employés par Horace; par M. Sommer. 1 vol. in-12 , cart. 1 fr. 80 c.

TRADUCTIONS.

Les auteurs latins expliqués d'après une méthode nouvelle par deux traductions françaises, l'une littérale et *juxtalinéaire*, représentant le mot-à-mot français en regard des mots latins correspondants, l'autre correcte et précédée du texte latin , avec des sommaires et des notes en français; par une société de professeurs et de latinistes. Format in-12, broché :

Cicéron : *Les Catilinaires*; par M. J. Thibault.		2 fr.
— *Discours contre Verrès sur les statues*; par M. J. Thibault.		3 fr.
— *Discours contre Verrès sur les Supplices*; par M. O. Dupont.		3 fr.
— *Dialogue sur l'Amitié*; par M. Legouëz.		1 fr. 25 c.
— *Dialogue sur la Vieillesse*; par MM. Paret et Legouëz.		1 fr. 25 c.
— *Songe de Scipion*; par M. Pottin.		50 c.
César : *Guerre des Gaules*, par M. Sommer. 2 volumes.		9 fr.
Livres I, II, III et IV. 1 vol. 4 fr.	Livres V, VI et VII. 1 vol. 5 fr.	
Salluste : *Catilina*; par M. Croiset.		1 fr. 50 c.
—*Jugurtha*; par le même.		3 fr. 50 c.

Tacite : *Annales*, par M. Materne, censeur du lycée Saint-Louis. 4 volumes. Prix. 18 fr.

Livres I, II et III.	6 fr.	Livres XI, XII et XIII. 1 vol. 4 fr.
Livres IV, V et VI. 1 vol.	4 fr.	Livres XIV, XV et XVI. 1 vol. 4 fr.

Virgile : *Églogues* ou *Bucoliques* ; par MM. Sommer et Desportes. 1 fr.
— *L'Énéide* ; par les mêmes auteurs. 4 volumes. 16 fr.
 Chaque volume contenant trois livres. 4 fr.
 Chaque livre séparément. 1 fr. 50 c.
— *Les Géorgiques* (les quatre livres) ; par les mêmes auteurs. 1 vol. 2 fr.
Horace : *Art poétique* ; par M. E. Taillefert. 75 c.
— *Épîtres* ; par le même auteur. 2 fr.
— *Odes et Épodes* ; par MM. Sommer et A. Desportes. 2 vol. 4 fr. 50 c.
 Le Ier et le IIe livre des Odes, séparément. 2 fr.
 Le IIIe et le IVe livre des Odes, et les Épodes, séparément. 2 fr. 50 c.
— *Satires* ; par les mêmes auteurs. 1 vol. 2 fr.

AUTEURS FRANÇAIS.

Bossuet : *Discours sur l'histoire universelle.* Édition revue et publiée par M. Olleris, doyen de la Faculté des lettres de Clermont-Ferrant. 1 vol. in-12, cart. 2 fr.

Fénelon : *Dialogues sur l'éloquence* en général, et sur celle de la chaire en particulier, précédés des *Opuscules académiques* du même auteur, contenant le Discours de réception à l'Académie française, le Mémoire sur les occupations de l'Académie, et la Lettre à l'Académie sur l'éloquence, la poésie, l'histoire. Nouvelle édition classique, revue et annotée par M. Delzons, professeur au lycée de Rouen. 1 vol. in-12, cart. 1 fr. 25 c.

Massillon : *Petit Carême*, suivi de plusieurs sermons du même auteur. Édition publiée avec une introduction et des notes ; par M. Colincamp, professeur à la Faculté des lettres de Douai. 1 v. in-12, cart. 1 fr. 50 c.

Montesquieu : *Considérations sur les causes de la grandeur des Romains et de leur décadence.* Édition publiée avec des notes, par M. C. Aubert, professeur au lycée Louis-le-Grand. 1 volume in-12. Prix, cart. 1 fr. 25 c.

Voltaire : *Histoire de Charles XII.* Édition publiée avec une carte de l'Europe centrale et des notes, par M. Brochard-Dantenille, agrégé d'histoire. 1 volume in-12, cart. 1 fr. 50 c.
— *Siècle de Louis XIV.* Nouvelle édition conforme au texte approuvé par le Conseil de l'instruction publique. 1 vol. in-18, cartonné. 1 fr. 50 c.

Théâtre classique, contenant : *Le Cid, Cinna, Horace, Polyeucte*, de Corneille ; *Britannicus, Esther, Athalie*, de Racine ; *Mérope*, de Voltaire ; et le *Misanthrope*, de Molière, et publié avec les préfaces des auteurs, les variantes, les principales imitations et un choix de notes, par M. Ad. Regnier. 1 vol. in-12, cartonné. 2 fr. 50 c.

Boileau-Despréaux : *OEuvres poétiques.* Édition publiée avec une notice et des notes ; par M. Geruzez, agrégé de la Faculté des lettres de Paris. 1 vol. in-12, cart. 1 fr. 75 c.

La Fontaine : *Fables.* Édition publiée avec une notice et des notes, par M. Geruzez. 1 vol. in-12, cart. 1 fr. 50 c.

9 782329 756257